Mathe 2000+

Das Zahlenbuch 2

Arbeitsheft

von Erich Ch. Wittmann und Gerhard N. Müller

Ernst Klett Verlag
Stuttgart · Leipzig

Inhaltsverzeichnis

Wiederholung und Ausblick

Einspluseins	3
Einsminuseins	4
Wiederholung	5
Dreiersummen	6
Rechendreiecke	8

Orientierung im Hunderterraum

Bündeln	9
Mit Zehnern rechnen	10
Immer 100	11
Zahlen aufschreiben	12
Hundertertafel	13
Hunderterreihe	14
Rechenstrich	15
Metermaß	16
Zeichnen und Messen	17

Addition im Hunderter

Ergänzen bis 100	18
Mit Geld rechnen	19
Rechnen mit Einern – Rechnen mit Zehnern	20
Verdoppeln, Halbieren	21
Einfache Plusaufgaben	22
Von einfachen zu schwierigen Plusaufgaben	23
Tauschaufgaben	25
Übungen	26

Subtraktion im Hunderter

Einfache Minusaufgaben	27
Von einfachen zu schwierigen Minusaufgaben	28
Minusaufgaben auch durch Ergänzen lösen	30

Integrierende Übungen

Rechenketten	31
Immer vier Aufgaben	32
Überlegen und Rechnen	33
Mit Geld rechnen	34

Einführung von Multiplikation und Division

Malaufgaben in der Umwelt	35
Einfache Malaufgaben	36
Von einfachen zu schwierigen Malaufgaben	37
Zehner-, Fünfer-, Zweierreihe	38
Dreier-, Sechser-, Neunerreihe	40
Vierer-, Achter-, Siebenerreihe	42
Mit Geld rechnen	44
Teilen	46
Teilen am Einmaleins-Plan	48
Von einfachen zu schwierigen Geteiltaufgaben	49
Immer vier Aufgaben	50

Vertiefung der Addition und der Subtraktion

Rechenwege bei Plusaufgaben beschreiben	51
Rechenwege bei Minusaufgaben beschreiben	52
Zahlenmauern	53
Rechendreiecke	54
Skizzen und Tabellen	55
Sachrechnen im Kopf	56

Vertiefung des Einmaleins

Einmaleins-Tafel	58
Gebühren	59

Ergänzende Übungen

Zahlenmuster, Gerade und ungerade Zahlen	60

Mini-Projekte

Tag und Stunden	61
Stunden und Minuten	62

Abschließende Wiederholung

Grundvorstellungen im Hunderterraum	64
Grundrechenarten im Hunderterraum	66
Grundwissen über Größen	68

Blitzrechnen

Übersicht über die Blitzrechenübungen	70
Zum Einsatz der Blitzrechenübungen	72
Operationsfelder	Umschlag

Die Aufgaben am Ende des Arbeitsheftes (ab S. 64) prüfen die Grundfertigkeiten ab, über die am Ende des 2. Schuljahres alle Kinder verfügen sollten. Eine Übersicht über die Blitzrechenübungen findet sich ab S. 70. Zur Grundlegung und zum regelmäßigen Üben befinden sich dort die Operationsfelder zu den Blitzrechenübungen.

1

5+5 = ……

4+5 = …… 5+6 = ……

3+5 = …… 4+6 = …… 5+7 = ……

3+6 = …… 4+7 = ……

3+7 = ……

2

7+8 = ……

6+8 = …… 7+9 = ……

5+8 = …… 6+9 = …… 7+10 = ……

5+9 = …… 6+10 = ……

5+10 = ……

3

a) 7 + 9 = ……
17 − 1 = ……
7 + 10 = ……

b) 4 + 9 = ……
14 − 1 = ……
4 + 10 = ……

c) 3 + 8 = ……
13 − 2 = ……
3 + 10 = ……

d) 9 + 8 = ……
19 − 2 = ……
10 + 7 = ……

4

a) 3 + 9 = ……
1 + 8 = ……
3 + 11 = ……

b) 14 + 3 = ……
4 + 13 = ……
14 + 13 = ……

c) 4 + 8 = ……
18 + 4 = ……
14 + 8 = ……

d) 7 + 2 = ……
12 + 7 = ……
12 + 17 = ……

5

a) 1 + 3 = ……
6 + 8 = ……
2 + 3 = ……
7 + 8 = ……

b) 2 + 4 = ……
7 + 9 = ……
1 + 4 = ……
6 + 9 = ……

c) 3 + 4 = ……
8 + 9 = ……
3 + 3 = ……
8 + 8 = ……

d) 1 + 2 = ……
6 + 7 = ……
4 + 4 = ……
9 + 9 = ……

6 Selma hatte 4 Euro.

Oma schenkte ihr etwas dazu. Jetzt hat Selma 11 Euro.

Oma schenkte ihr …… Euro.

7 Alexa und Boris haben zusammen 12 Euro.

Alexa hat doppelt so viel wie Boris. [?]

Alexa hat …… Euro. Boris hat …… Euro.

→ Schülerbuch, Seite 4

1–5 Aufgaben zur Wiederholung des Einspluseins. **1, 2** Nachbaraufgaben. **3** Rechenvorteile. **4** Tauschaufgaben und Zehneranalogien. **5** Kraft der Fünf. **6, 7** Sachaufgaben.

1

10–3= ....
9–3= .... 11–4= ....
8–3= .... 10–4= .... 12–5= ....
9–4= .... 11–5= ....
10–5= ....

2

16–7= ....
15–7= .... 17–8= ....
14–7= .... 16–8= .... 18–9= ....
15–8= .... 17–9= ....
16–9= ....

3

a) 16 – 8 = ...
17 – 9 = ...
18 – 10 = ...

b) 11 – 6 = ...
12 – 7 = ...
14 – 8 = ...

c) 9 – 7 = ...
11 – 8 = ...
13 – 9 = ...

d) 13 – 5 = ...
14 – 5 = ...
15 – 5 = ...

4 Die Plusaufgabe hilft.

a) 6 + 9 = 15
15 – 6 = ...
15 – 9 = ...

b) 8 + 8 = 16
16 – 8 = ...

c) 8 + 4 = 12
12 – 8 = ...
12 – 4 = ...

d) 7 + 8 = 15
15 – 7 = ...
15 – 8 = ...

5 Rechne zu den Plusaufgaben auch die Minusaufgaben.

a) 7 + 3 = ...
....
....

b) 4 + 9 = ...
....
....

c) 8 + 5 = ...
....
....

d) 4 + 11 = ...
....
....

6

a) 11 + ... = 15
11 + ... = 16

b) 9 + ... = 13
8 + ... = 13

c) 5 + ... = 11
6 + ... = 11

d) 3 + ... = 10
4 + ... = 11

7 Marie hatte 8 Euro.

Sie gab ihrer Schwester Emelie einige Münzen ab. Jetzt hat Marie 4 Euro.

Marie gab .... Euro ab.

→ Schülerbuch, Seite 5

1–6 Aufgaben zur Wiederholung des Einsminuseins. **1, 2** Nachbaraufgaben. **4, 5** Minusaufgaben aus Plusaufgaben herleiten. **6** Ergänzen. **7** Sachaufgabe.

1 Male aus.

britische Flagge

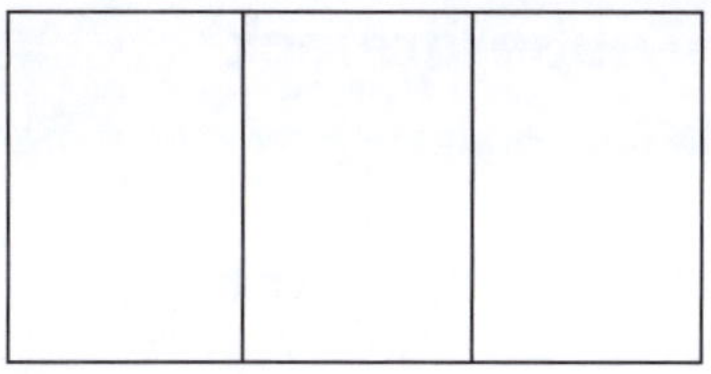
italienische Flagge

2

12	14	16
6 + 6	10 +	9 +
7 +	+ 6	+ 10
+ 3	+ 7	+ 12

3

6	5	
15 –	13 –	15 –
13 –	11 –	13 –
– 5	– 4	– 9

4

a)

11		
6	5	4

b)

19		
10		
6		

c)

21		
11		
		4

d)

9	10	
5		

5

a)

10		
2		4

b)

20		
8		6

c)

18		
5		3

d)

19		
2		7

6 Schöne Päckchen.

4 + 2 = ...	15 + 3 = ...
6 + 4 = ...	15 + 5 = ...
8 + 6 = ...	15 + 7 = ...
10 + 8 = ...	15 + 9 = ...
12 + 10 = ...	15 + 11 = ...

7 Schöne Päckchen?

19 + ... = 20	.... + 7 = 10
17 + ... = 20	.... + 8 = 12
15 + ... = 20	.... + 9 = 14
13 + ... = 18	.... + 9 = 16
11 + ... = 20	.... + 11 = 18
....	....

8 Schöne Päckchen.

20 – 2 = ...	12 – 6 = ...
18 – 4 = ...	13 – 7 = ...
16 – 6 = ...	14 – 8 = ...
14 – 8 = ...	15 – 9 = ...
12 – 10 = ...	16 – 10 = ...

9 Schöne Päckchen?

18 – .... = 15	.... – 2 = 11
19 – .... = 15	.... – 3 = 11
20 – .... = 15	.... – 4 = 11
20 – .... = 14	.... – 6 = 11
22 – .... = 15	.... – 7 = 11
....	....

→ Schülerbuch, Seiten 6/7

1–9 Aufgaben zur Wiederholung des Einspluseins und des Einsminuseins. **5** Durch systematisches Probieren lösen.
6–9 Muster erkennen, evtl. Störungen „reparieren".

5

Zauberdreieck

Von 1 bis 10
die Zahlen gehn.

Nun habe Mut,
probiere gut.

Immer 12
solls sein,
setz richtig ein:

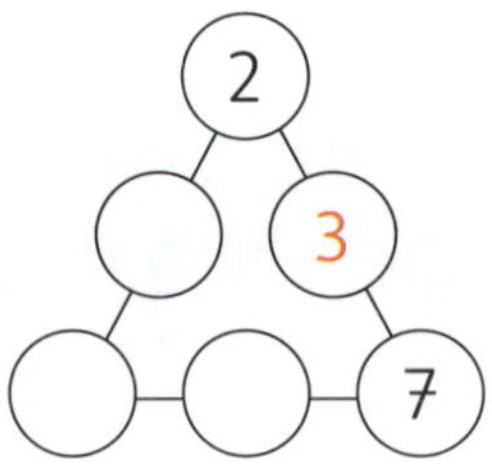

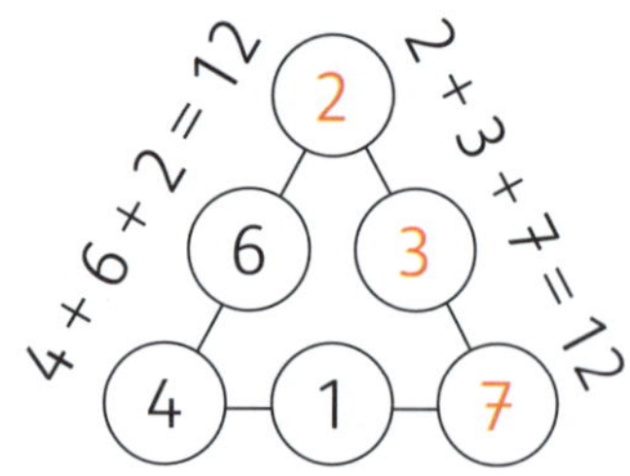

4 + 1 + 7 = 12

Es ist vollbracht –
alle Seiten gleich
gemacht.

1 Immer 12.

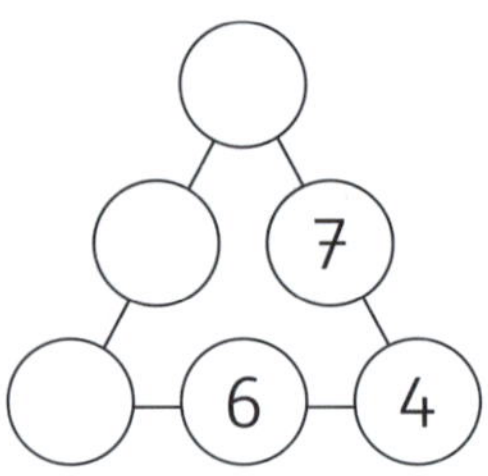

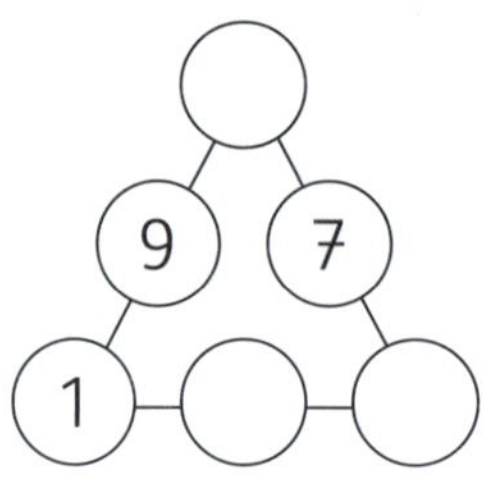

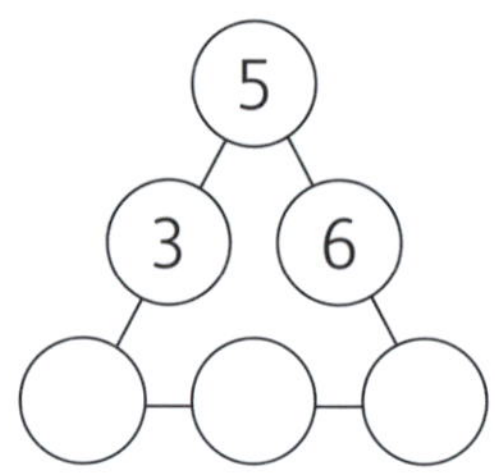

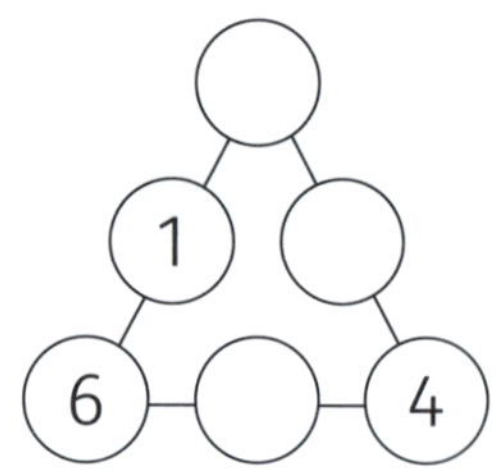

2 Immer 15.

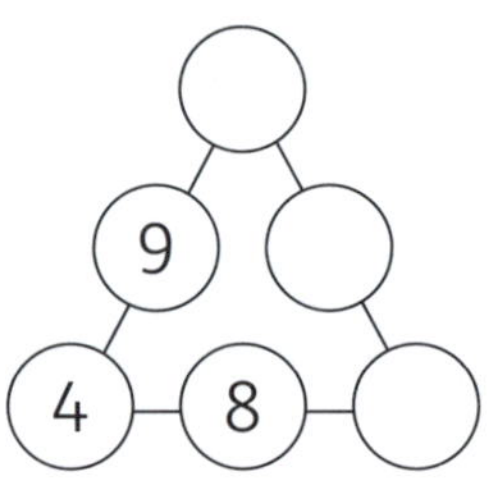

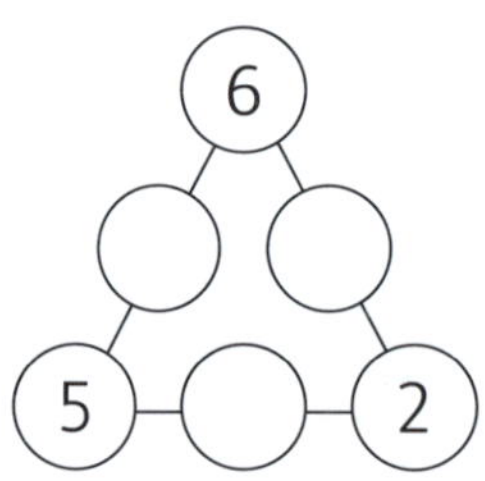

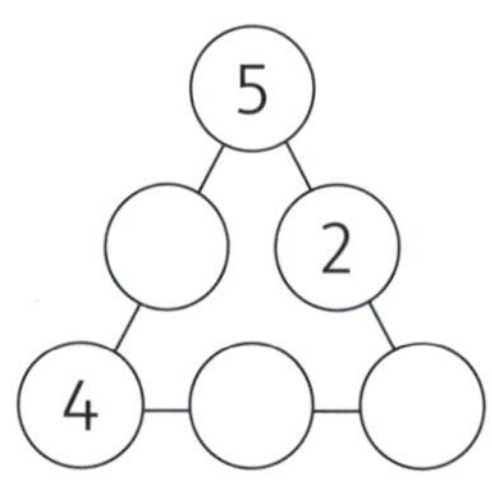

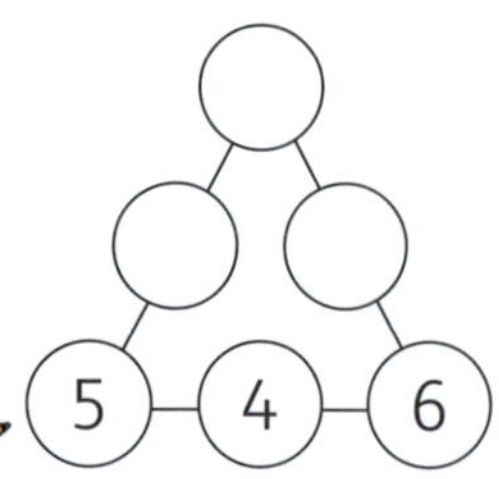

3 Immer 18.

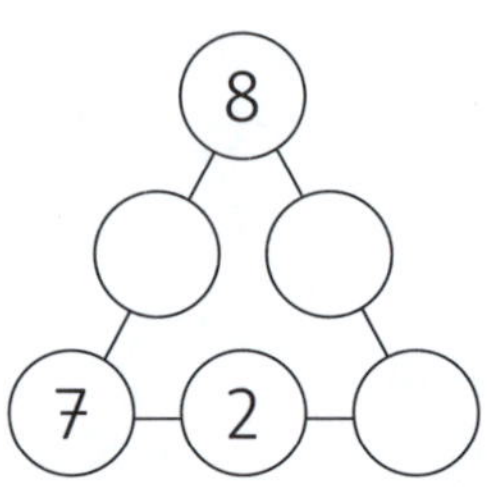

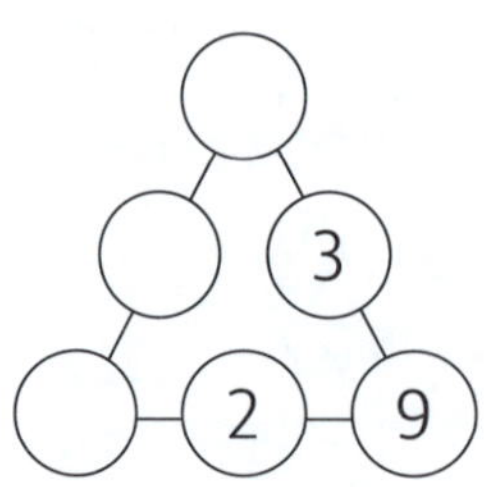

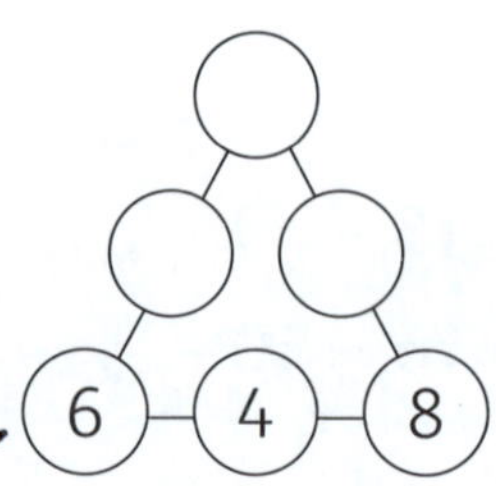

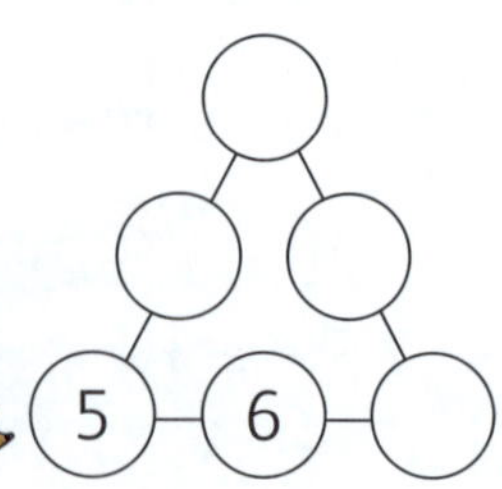

→ Schülerbuch, Seiten 6/7

1 – 3 Zahlen im Zauberdreieck so einsetzen, dass die Summen aller Seiten gleich sind. Plus und Minus wiederholen. Wiederholung Dreiersummen.

4 Immer 20.

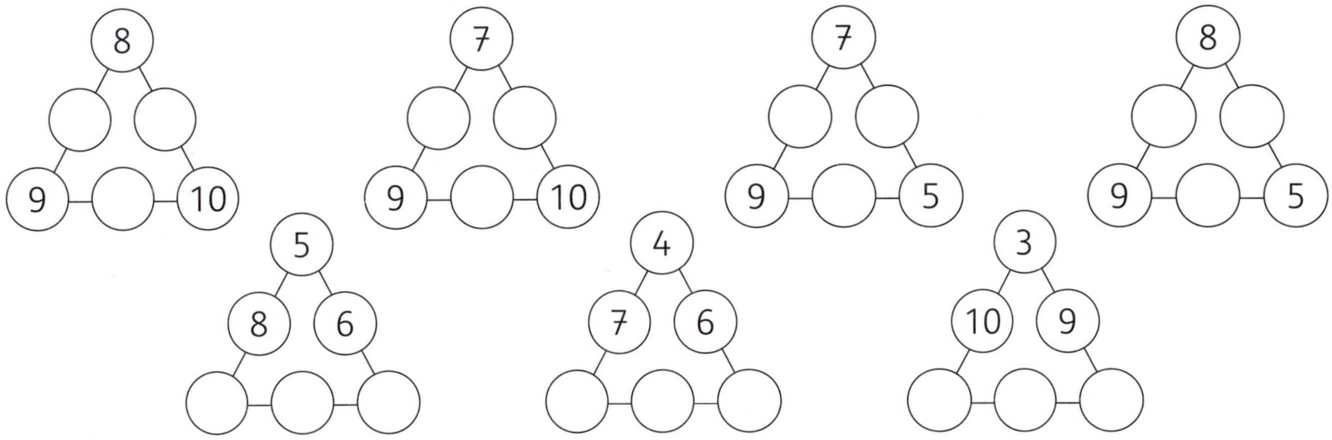

5 Immer 20.

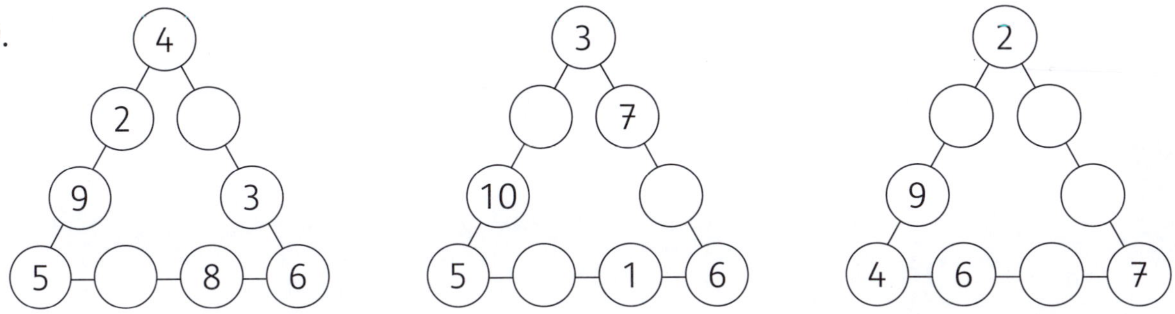

6

10 + 5 + 3 = ...	9 + 8 + 2 = ...	10 + 8 + 2 = ...	5 + 6 + 10 = ...
9 + 4 + 5 = ...	8 + 7 + 4 = ...	9 + 7 + 4 = ...	6 + 7 + 8 = ...
5 + 6 + 7 = ...	7 + 6 + 5 = ...	9 + 6 + 5 = ...	7 + 8 + 6 = ...
7 + 5 + 8 = ...	6 + 5 + 8 = ...	8 + 5 + 5 = ...	9 + 2 + 8 = ...
8 + 4 + 6 = ...	5 + 5 + 9 = ...	7 + 7 + 6 = ...	7 + 5 + 9 = ...

7

14 − 4 − 7 = ...	11 − 2 − 2 = ...	20 − 9 − 2 = ...	19 − 4 − 9 = ...
15 − 5 − 6 = ...	12 − 3 − 3 = ...	20 − 8 − 3 = ...	18 − 5 − 8 = ...
16 − 6 − 5 = ...	13 − 4 − 4 = ...	20 − 7 − 4 = ...	17 − 6 − 7 = ...
17 − 7 − 4 = ...	14 − 5 − 5 = ...	20 − 6 − 2 = ...	16 − 7 − 6 = ...
18 − 8 − 3 = ...	15 − 6 − 6 = ...	20 − 5 − 6 = ...	15 − 8 − 5 = ...

8 Setze fort.

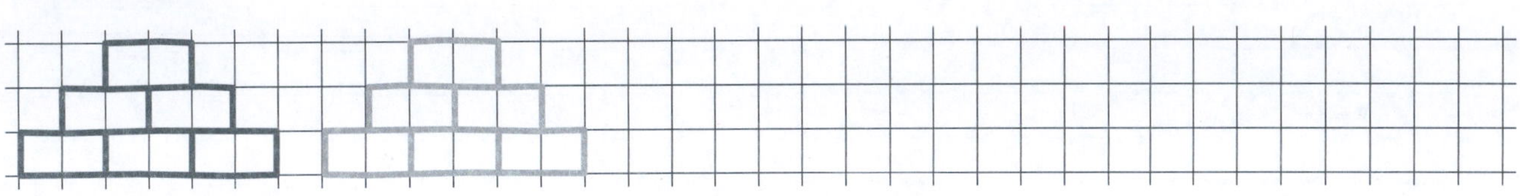

→ Schülerbuch, Seiten 6/7

4, 5 Zauberdreiecke durch Ergänzen lösen. Wiederholung Dreier-, Vierersummen. **6, 7** Terme mit drei Zahlen berechnen, evtl. Muster erkennen. **8** Muster fortsetzen.

1

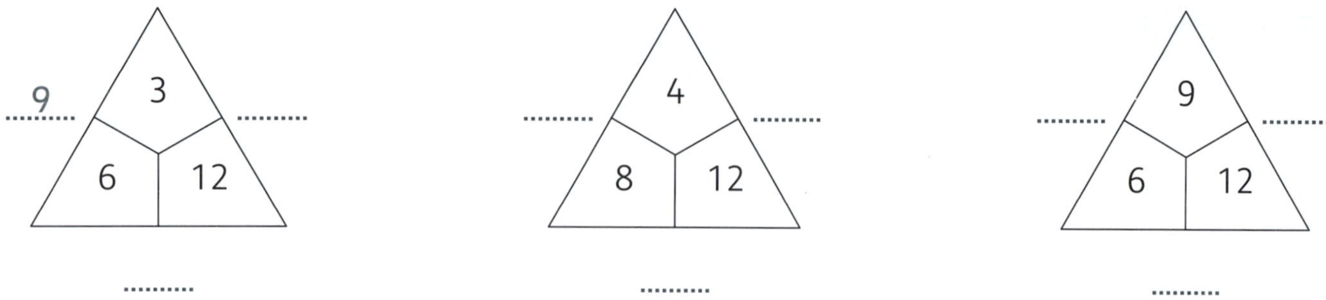

2

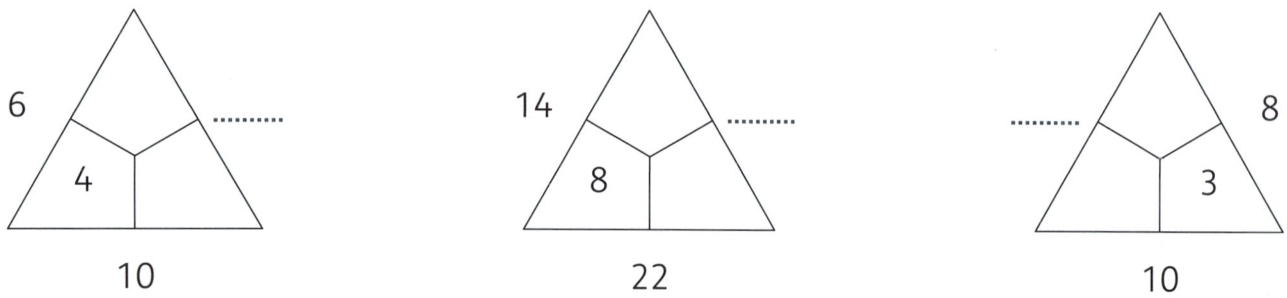

3

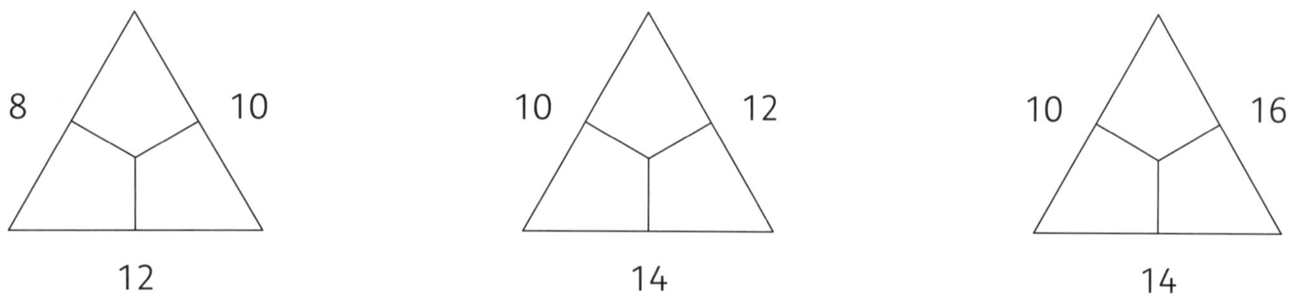

4 Sina hat 13 Euro.
Sie hat 6 Euro mehr als Timo.
Wie viel Euro hat Timo?

Timo hat .... Euro.

5 Setze fort.

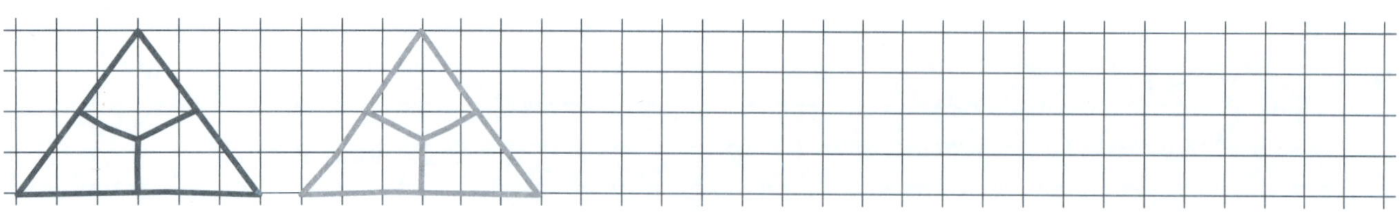

→ Schülerbuch, Seite 8

1, 2 Rechendreiecke durch Ergänzen lösen. **3** Rechendreiecke durch systematisches Probieren lösen.
4 Sachaufgabe lösen. **5** Muster fortsetzen.

1 Wie viele?

a)

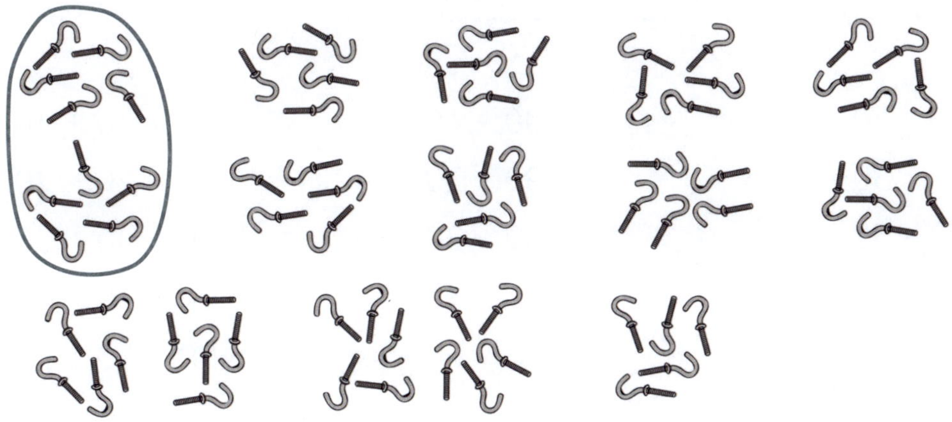

Z	E

b)

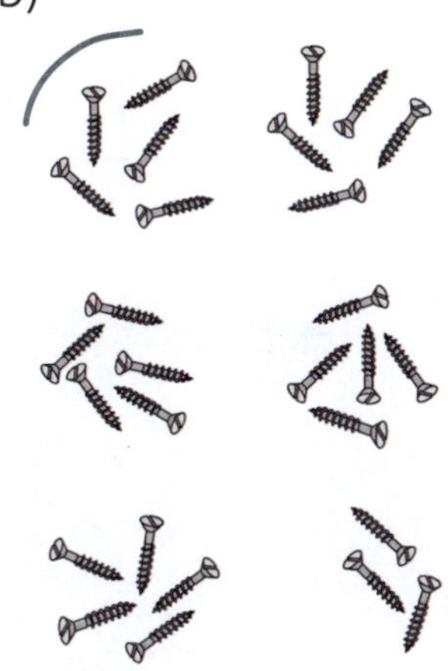

Z	E

c)

Z	E

2 Zeichne.

Z	E
1	3

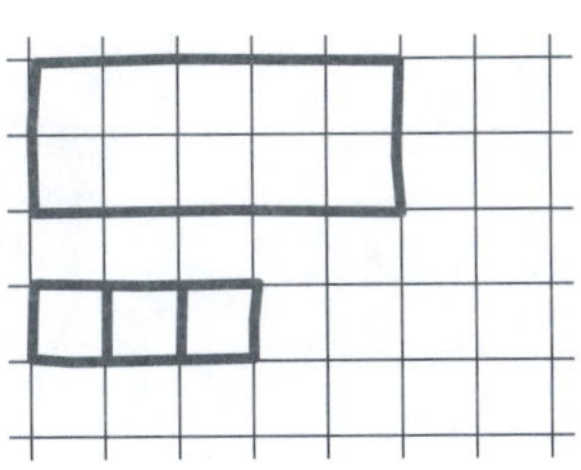

Z	E
3	1

Z	E
5	5

3 Vater benötigt für ein Regal 40 Schrauben.
Er kauft 2 Packungen mit je 25 Schrauben.
Wie viele Schrauben bleiben übrig?

→ Schülerbuch, Seite 13
1 Bündeln von Zehnern. **2** Zehner und Einer zeichnen. **3** Sachaufgabe lösen.

1 a) 10, 20, ..., ..., ..., ..., ..., ..., ..., 100

b) 100, 90, ..., ..., ..., ..., ..., ..., ..., 10

2

50 + 30 = ...	50 − 30 = ...	100 − 40 = ...	10 + 10 + 10 = ...
50 + 20 = ...	50 − 20 = ...	90 − 30 = ...	20 + 20 + 20 = ...
50 + 10 = ...	50 − 10 = ...	80 − 20 = ...	30 + 30 + 30 = ...
40 + 10 = ...	40 − 10 = ...	70 − 20 = ...	20 + 30 + 40 = ...
40 + 0 = ...	40 − 0 = ...	70 − 60 = ...	20 + 50 + 30 = ...

3

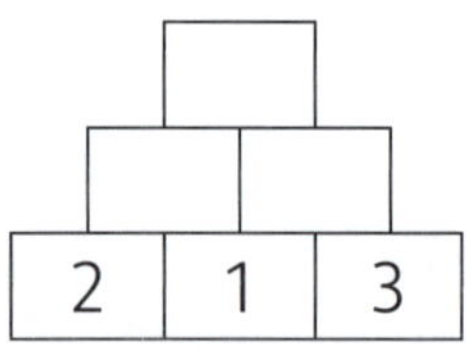

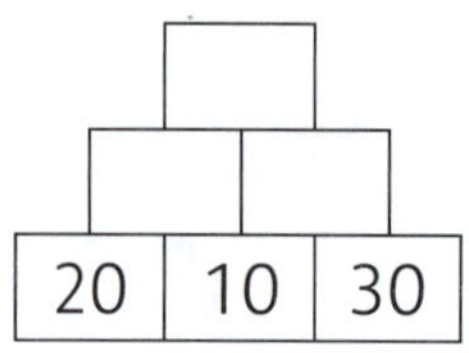

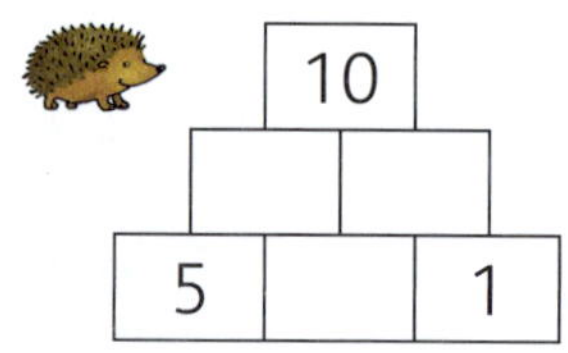

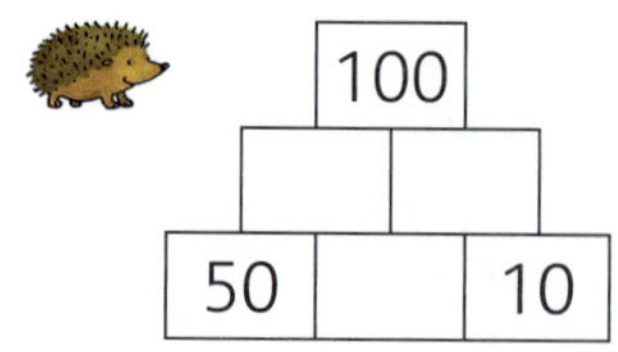

4

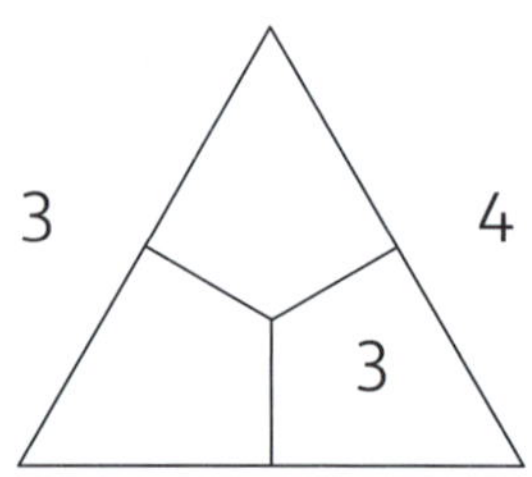

....

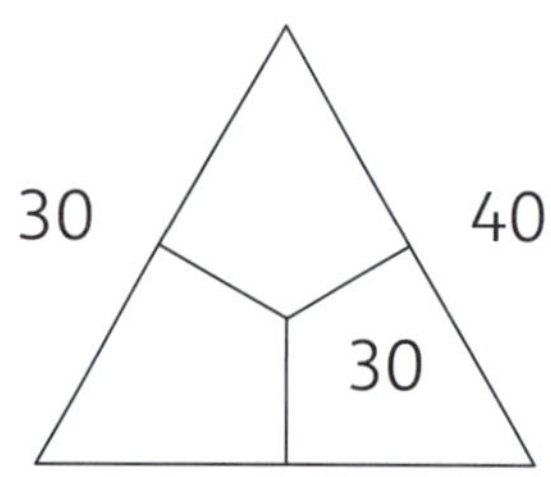

....

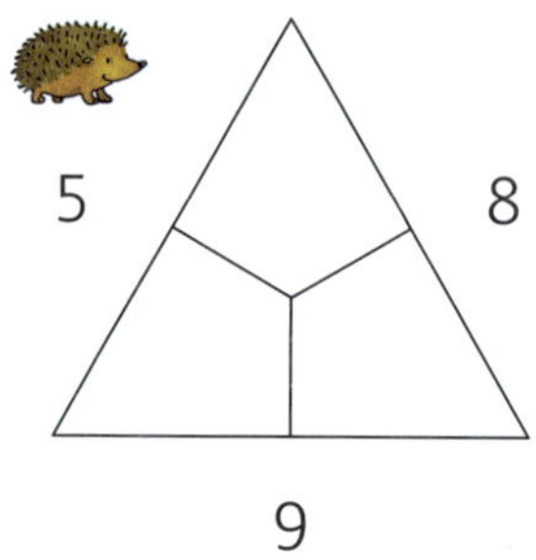

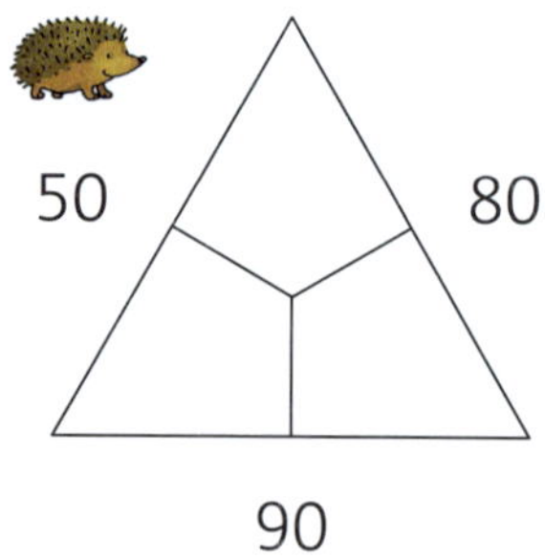

5

Anna kauft: | Sie gibt:

Sie bekommt .... Cent zurück.

Robert kauft: | Er gibt:

Er bekommt .... Cent zurück.

Ali kauft: | Er gibt:

Er bekommt .... Cent zurück.

6 Tobias hat 30 Fußballbilder. Stefanie hat 10 mehr. ?

....

Stefanie hat .... Bilder.

→ Schülerbuch, Seiten 16/17

1–4 Analogien herstellen und mit Zehnern rechnen. **5, 6** Einfache Sachaufgaben zum Rechnen mit Zehnern.

1

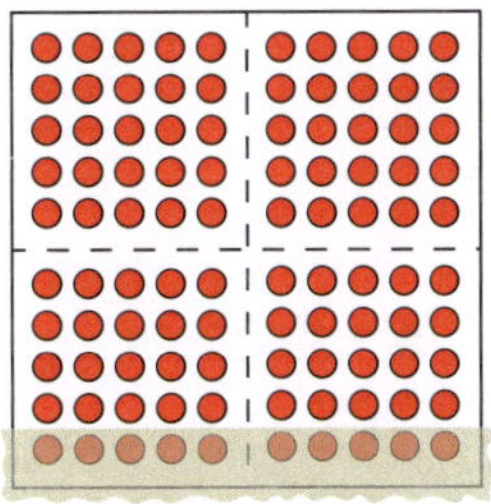

90 + 10

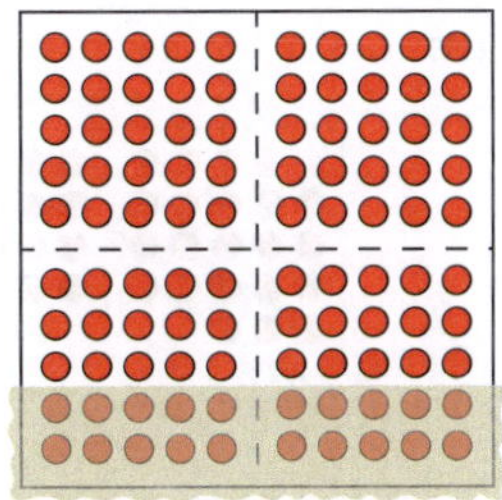

.... + ...

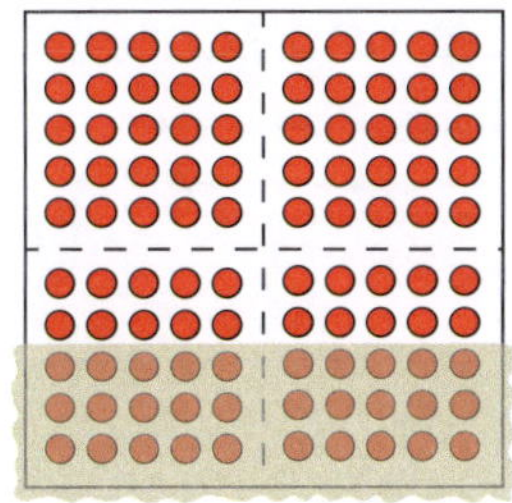

.... + ...

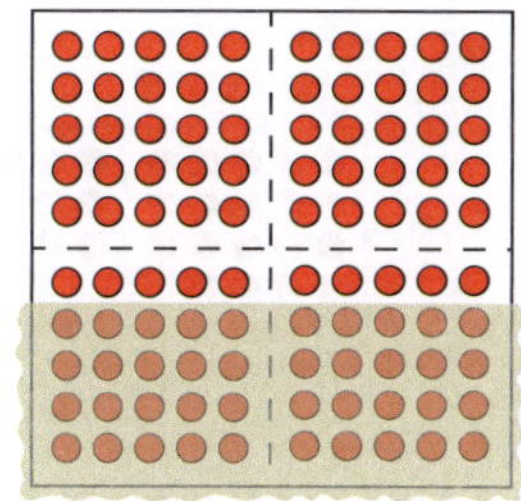

.... + ...

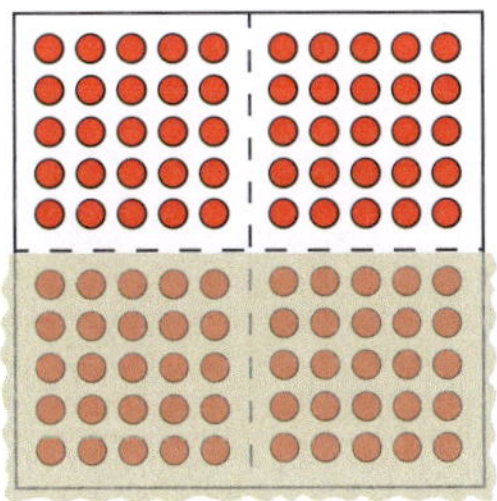

.... + ...

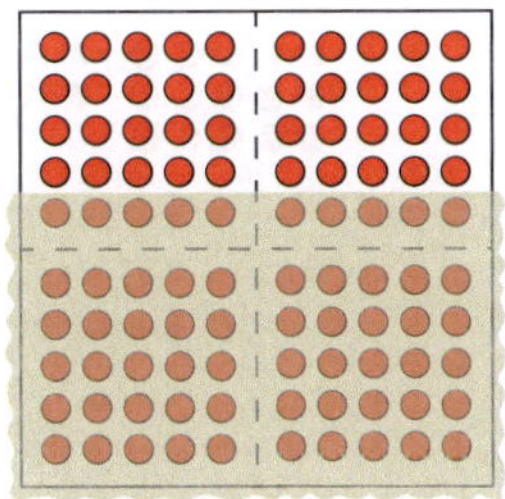

.... + ...

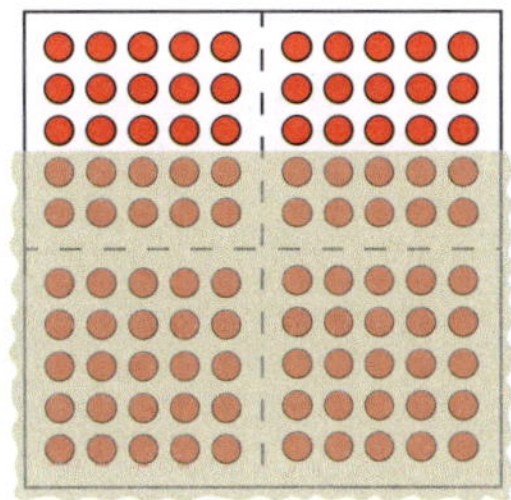

.... + ...

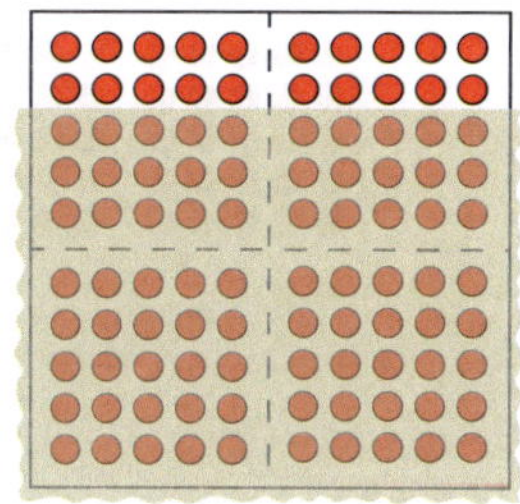

.... + ...

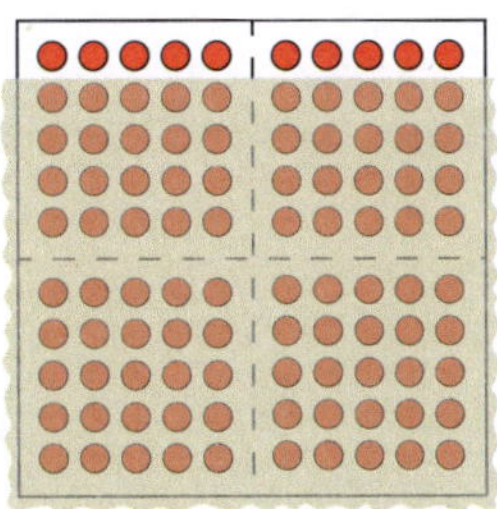

.... + ...

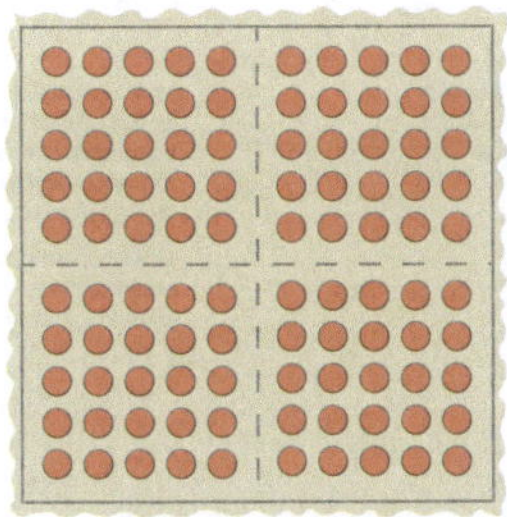

.... + ...

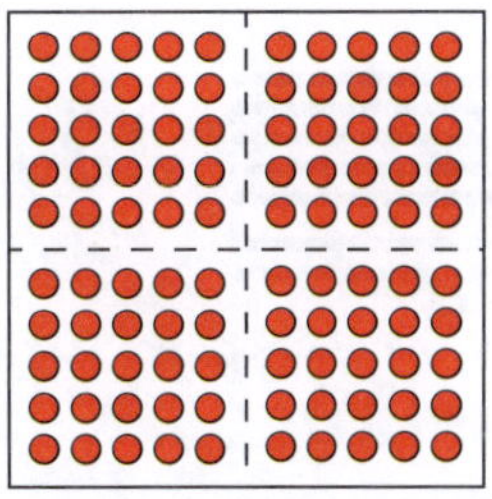

.... + ...

2

100
80 +
60 +
40 +
20 +
0 +

100
+ 70
+ 30
+ 50
+ 10
+ 90

3

1 Euro
50 Cent + 50 Cent
60 Cent + Cent
40 Cent + Cent
20 Cent + Cent
80 Cent + Cent

1 Euro
Cent + 70 Cent
Cent + 30 Cent
Cent + 90 Cent
Cent + 10 Cent
Cent + 100 Cent

4 Rechne und vergleiche.

a) 1 + 2 + 3 + 4 = ...
10 + 20 + 30 + 40 = ...

2 + 2 + 3 + 1 = ...
20 + 20 + 30 + 10 = ...

b) 1 + 2 + 3 + 2 + 1 = ...
10 + 20 + 30 + 20 + 10 = ...

2 + 2 + 2 + 2 + 2 = ...
20 + 20 + 20 + 20 + 20 = ...

→ Schülerbuch, Seite 17
1 100 am Feld zerlegen. **2, 3** Zerlegungen in Zahlenhäuser eintragen. **4** Analogien herstellen und rechnen.

1 Zeichne die Zahlbilder und schreibe die Zahlen.

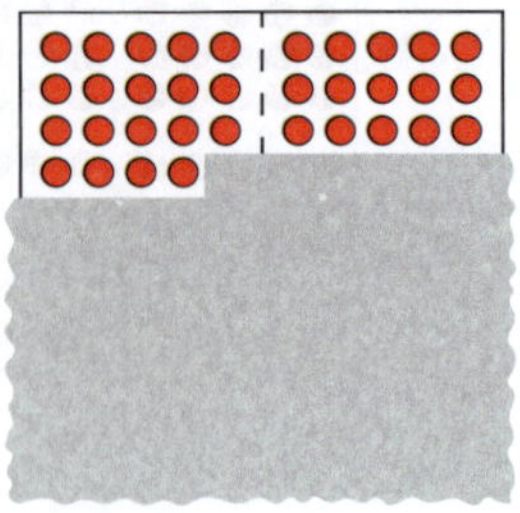

Z	E
3	4

34

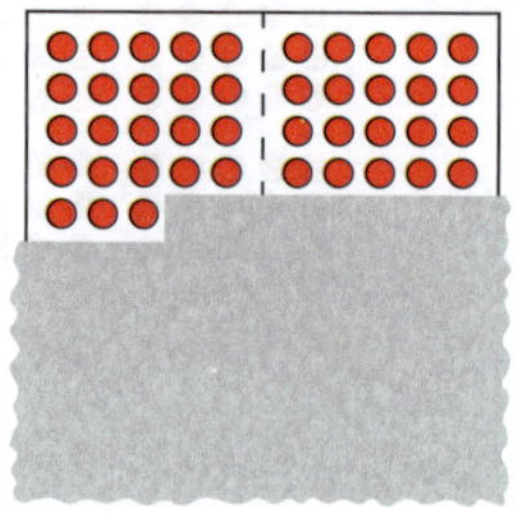

Z	E

....

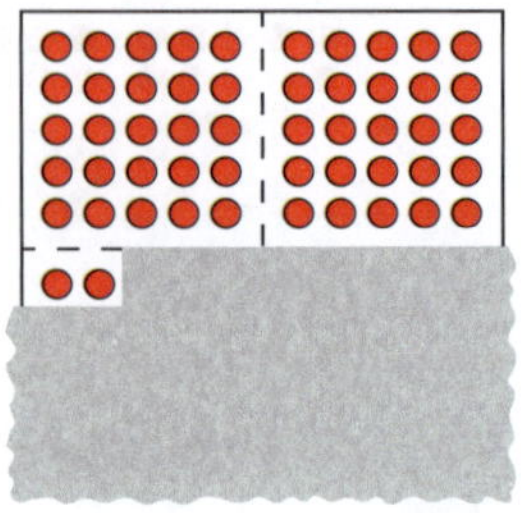

Z	E

....

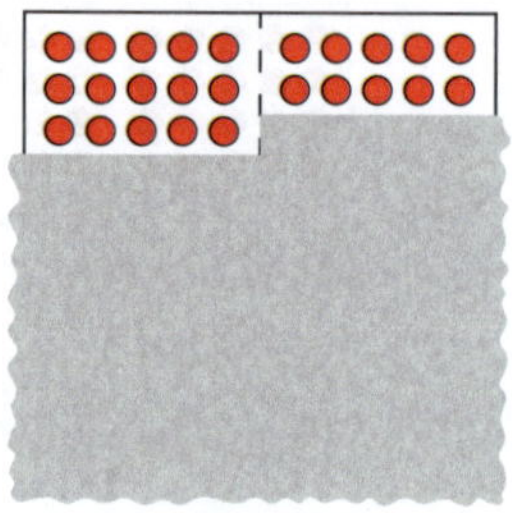

Z	E

....

2 Welche Zahlen?

....

....

....

....

3

....

....

....

....

4

50 + 1 = ...
60 + 2 = ...
70 + 3 = ...
80 + 4 = ...
90 + 5 = ...

10 + 9 = ...
20 + 8 = ...
30 + 7 = ...
40 + 6 = ...
50 + 5 = ...

5

82 = 80 + 2
64 = ... + ...
46 = ... + ...
28 = ... + ...
10 = ... + ...

95 = ... + ...
86 = ... + ...
77 = ... + ...
68 = ... + ...
59 = ... + ...

6 Setze fort.

a) 1, 6, 11, 16, ..., ..., ..., ..., ..., 46

b) 64, 69, 74, ..., ..., ..., ..., 99

→ Schülerbuch, Seiten 18/19

1 Zahlen am Hunderterfeld erkennen und in ein Zahlbild übertragen. **2, 3** Zahlbilder erkennen.
4, 5 Zahlen aus Zehnern und Einern zusammensetzen und zerlegen. **6** Zahlen finden und notieren.
Blitzrechnen: Wie viele? Zur Grundlegung und zum Üben aufgeklappte Umschlagseite benutzen.

1 Kreise ein.

Rot: 71, 72, 73, …, 80
Blau: 7, 17, 27, …, 97
Grün: 1, 12, 23, …, 100
Gelb: 10, 19, 28, …, 91
Schwarz: Zahlen mit Einer 1
Braun: Zahlen mit Zehner 1

Wenn du alle Zahlen von 1 bis 100 aufschreibst, musst du .... mal die Ziffer 1 schreiben.

1	2	3	4	5	6	7	8	9	10
11	12	13	14	15	16	17	18	19	20
21	22	23	24	25	26	27	28	29	30
31	32	33	34	35	36	37	38	39	40
41	42	43	44	45	46	47	48	49	50
51	52	53	54	55	56	57	58	59	60
61	62	63	64	65	66	67	68	69	70
71	72	73	74	75	76	77	78	79	80
81	82	83	84	85	86	87	88	89	90
91	92	93	94	95	96	97	98	99	100

2 Wie heißen die Zahlen in den blauen Feldern? Trage ein.

1	2			5	6			9	10
	12				16				
									50
									100

3 Zeige an der Hundertertafel und setze fort.

a) 0, 10, 20, ..., ..., ...
50, 60, 70, ..., ..., ...
100, 90, ..., ..., ..., ...
50, 40, ..., ..., ...

b) 20, 25, ..., ..., ..., ...
50, 55, ..., ..., ..., ...
80, 85, ..., ..., ...
95, 90, ..., ..., ..., ...
65, 60, ..., ..., ..., ...
45, 40, ..., ..., ..., ...

4 Zeige an der Hundertertafel und setze fort.

12, 23, 34, ..., ..., ..., ..., ..., ...

5 Suche die Zahlen in der Hundertertafel.

3. Zeile, 5. Spalte: 25
2. Zeile, 9. Spalte: ....
5. Zeile, 10. Spalte: ....
5. Zeile, 3. Spalte: ....
9. Zeile, 2. Spalte: ....
10. Zeile, 5. Spalte: ....

→ Schülerbuch, Seite 20
1 Vorgegebene Zahlen in der Hundertertafel farbig einkreisen. **2** Blaue Felder der Hundertertafel bezeichnen. **3, 4** In Schritten zählen. **5** Zahlen in der Hundertertafel finden. ⚡ Blitzrechnen: Welche Zahl? Zur Grundlegung und zum Üben aufgeklappte Umschlagseite benutzen.

1 Suche die Nachbarzahlen.

a) ..8.., 9, ..10..
......., 29, ...
......., 49, ...
......., 69, ...
......., 89, ...

b) ..19.., 20, ..21..
......., 40, ...
......., 60, ...
......., 80, ...
......., 100, ...

c) ..55.., 56, ..57..
......., 65, ...
......., 76, ...
......., 87, ...
......., 95, ...

d) ...., 61, ...
......., 16, ...
......., 66, ...
......., 11, ...
......., 60, ...

2 Zurück zum Vorgänger und vor zum Nachfolger.

a) 36 – 1 = ...
36 + 1 = ...

b) 25 – 1 = ...
25 + 1 = ...

c) 49 – 1 = ...
49 + 1 = ...

d) 77 – 1 = ...
77 + 1 = ...

e) 70 – 1 = ...
70 + 1 = ...

f) 98 – 1 = ...
98 + 1 = ...

g) 28 – 1 = ...
28 + 1 = ...

h) 100 – 1 = ...
100 + 1 = ...

3 Zurück zur Zehnerzahl.

a) 34 – ..4.. = 30
43 – .... = 40

b) 51 – .... = 50
55 – .... = 50

c) 17 – .... = 10
77 – .... = 70

d) 68 – .... = 60
86 – .... = 80

4 Ergänze zur nächsten Zehnerzahl.

16 + ... = 20
26 + ... = 30
36 + ... = 40

22 + ... = ..30..
23 + ... = ...
24 + ... = ...

53 + ... = ...
36 + ... = ...
33 + ... = ...

44 + ... = ...
55 + ... = ...
66 + ... = ...

5 Setze fort.

a) 1, 11, 21, 31, ..., ..., ..., ..., ..., ...

b) 16, 21, 26, 31, ..., ..., ..., ..., ..., ..., ..., ..., ...

6 < oder >?

a) 51 ○ 15
49 ○ 50

b) 50 ○ 5
37 ○ 73

c) 23 ○ 32
91 ○ 90

d) 46 ○ 64
3 ○ 30

e) 33 ○ 19
39 ○ 31

f) 75 ○ 58
62 ○ 59

7 Ein Brötchen kostet 25 Cent. 2 Brötchen kosten .... Cent.

→ Schülerbuch, Seiten 22/23

1–6 Aufgaben mithilfe der Hunderterreihe lösen. **7** Einfache Sachaufgabe lösen. ⚡ Blitzrechnen: Zählen/Ergänzen zum Zehner. Zur Grundlegung und zum Üben aufgeklappte Umschlagseite benutzen.

1 Trage die Zahlen ungefähr ein.

a) 15, 23, 35, 44, 58

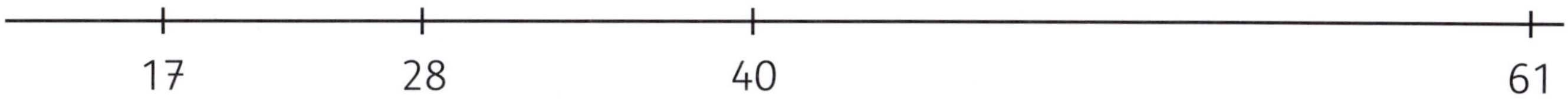

b) 60, 71, 80, 91, 97

c) 8, 85, 94, 60, 66, 53, 42, 18

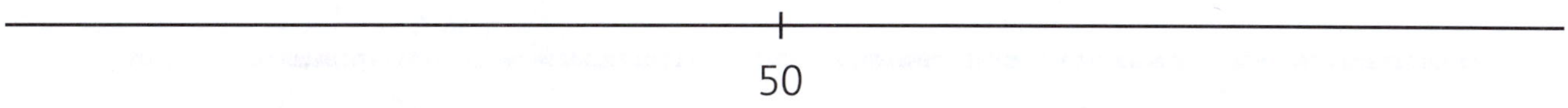

2 Immer 5 weiter.

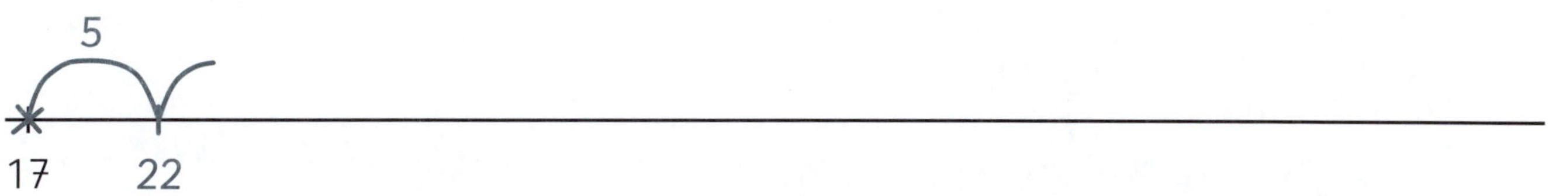

3 Immer 5 zurück.

4 Immer 5 vor und zurück.

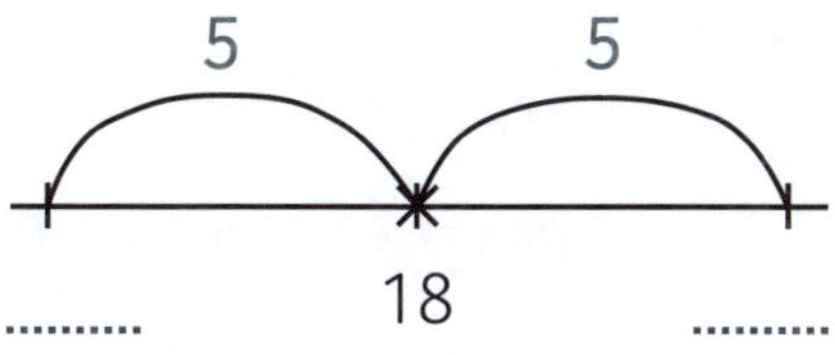

18 + 5 = ...

18 – 5 = ...

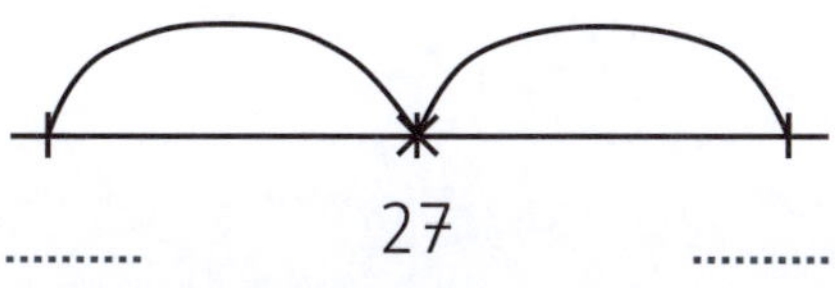

27 + 5 = ...

27 – 5 = ...

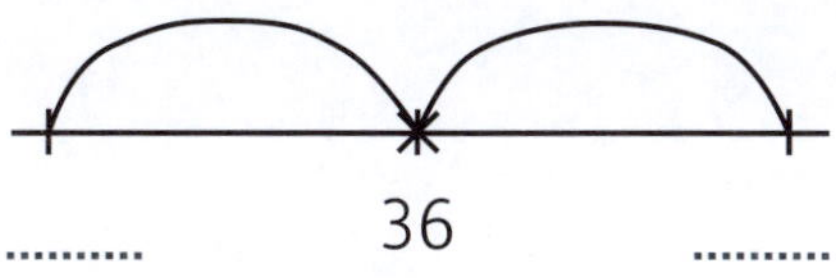

36 + 5 = ...

36 – 5 = ...

Kontrolliere:
Die Ergebnisse haben jeweils gleiche Einer. Warum?

....

....

....

....

....

....

→ Schülerbuch, Seiten 24/25

1–4 Aufgaben am Rechenstrich lösen. ⚡ Blitzrechnen: Zählen in Schritten. Zur Grundlegung und zum Üben aufgeklappte Umschlagseite benutzen.

1 Miss die Strecken.

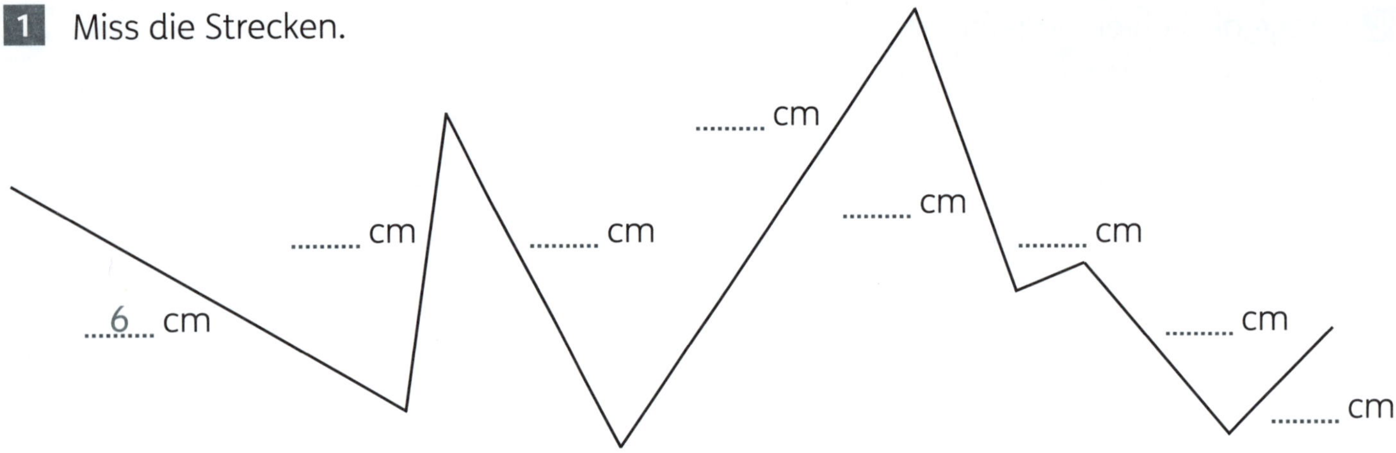

2 Welche Zahlen?

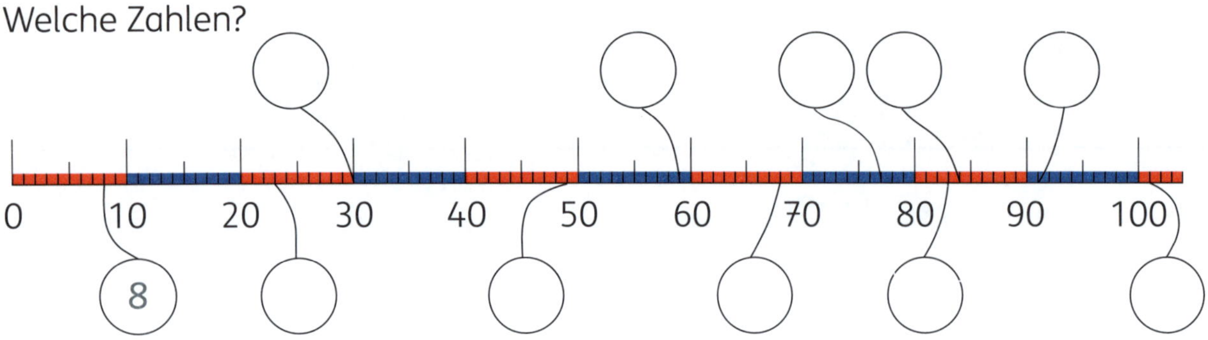

3 Wo stehen die Zahlen?

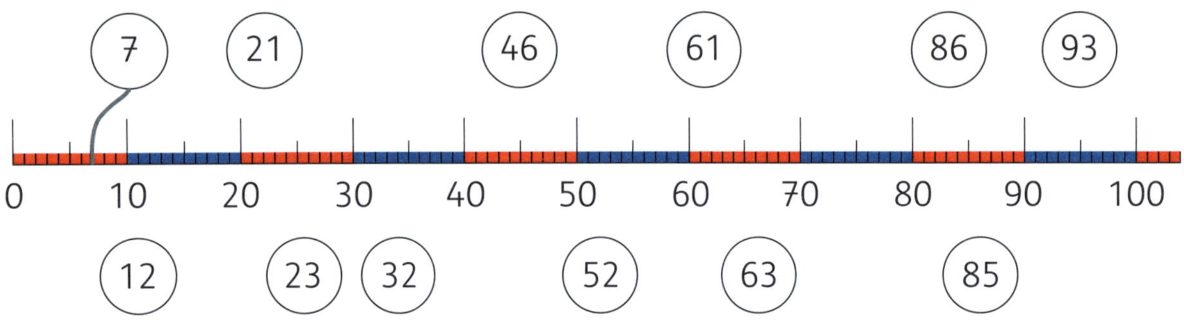

4

1 m	
90 cm +	cm
80 cm +	cm
50 cm +	cm
40 cm +	cm
30 cm +	cm

5

54 cm = 50 cm + ... cm
31 cm = 30 cm + ... cm
99 cm = 90 cm + ... cm
48 cm = 40 cm + ... cm
37 cm = ... + ...

6

54 cm + ... cm = 60 cm
31 cm + ... cm = 40 cm
99 cm + ... cm = 100 cm
48 cm + ... cm = 50 cm
37 cm + ... = ...

7 Wie hoch und breit ist ungefähr dein Arbeitsheft?

Höhe: .... cm Breite: .... cm

→ Schülerbuch, Seite 27

1 Strecken mit dem Lineal messen. **2, 3** Maßzahlen eintragen. **4 – 6** Ergänzen von Längen. **7** Strecken schätzen und messen.

1 Zeichne weiter mit dem Lineal.

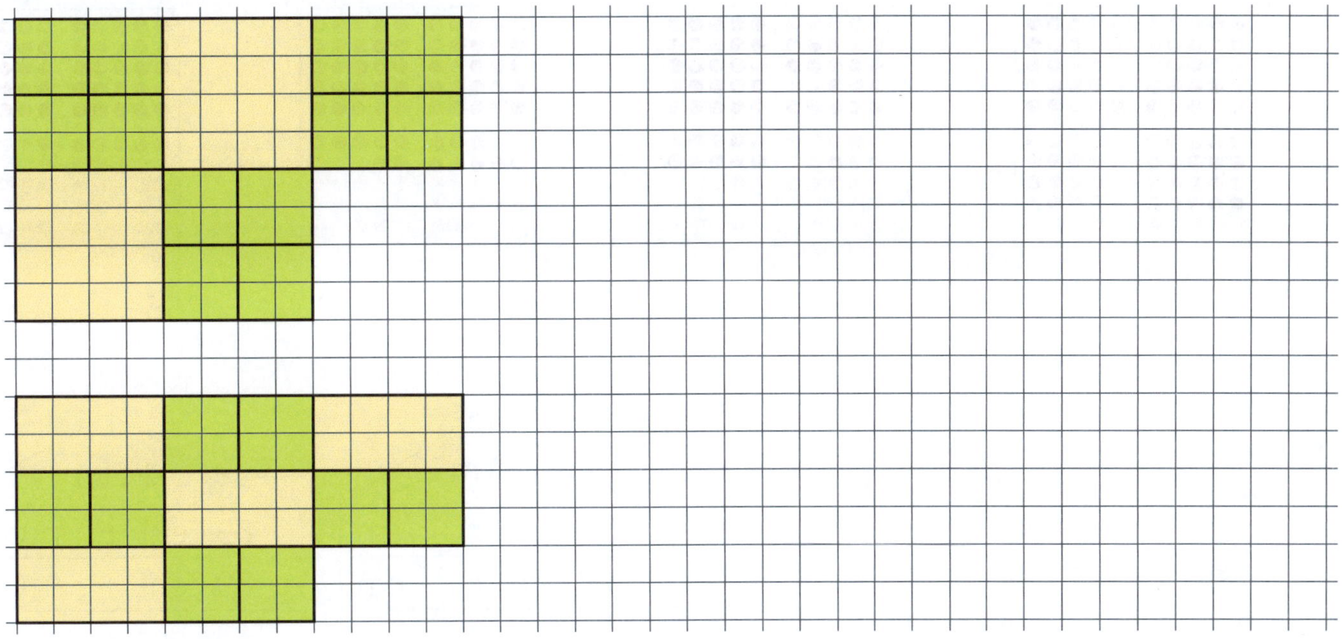

2 Miss die Strecken.

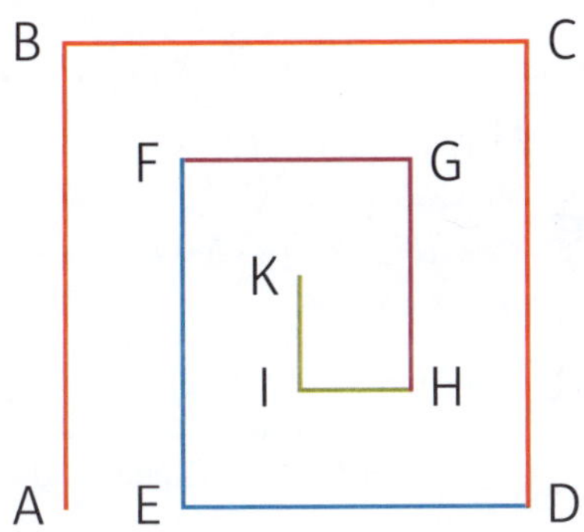

$\overline{AB}$ = ...4... cm

$\overline{BC}$ = ... cm

$\overline{CD}$ = ... cm

$\overline{DE}$ = ... cm

$\overline{EF}$ = ... cm

$\overline{FG}$ = ... cm

$\overline{GH}$ = ... cm

$\overline{HI}$ = ... cm

$\overline{IK}$ = ... cm

3 Zeichne weiter mit dem Lineal.

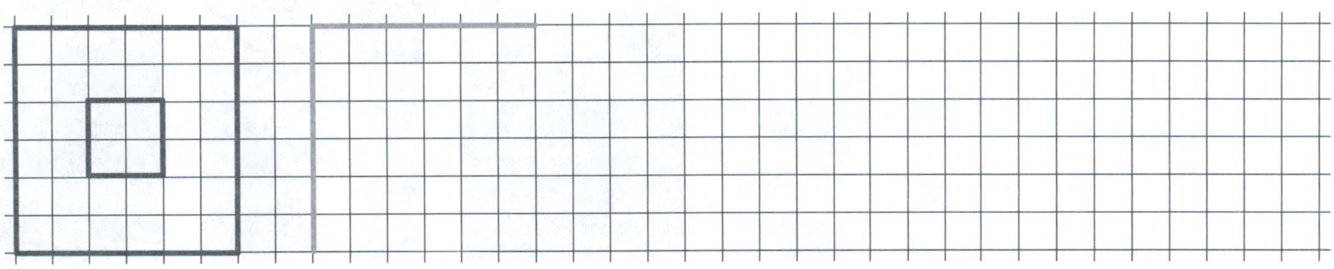

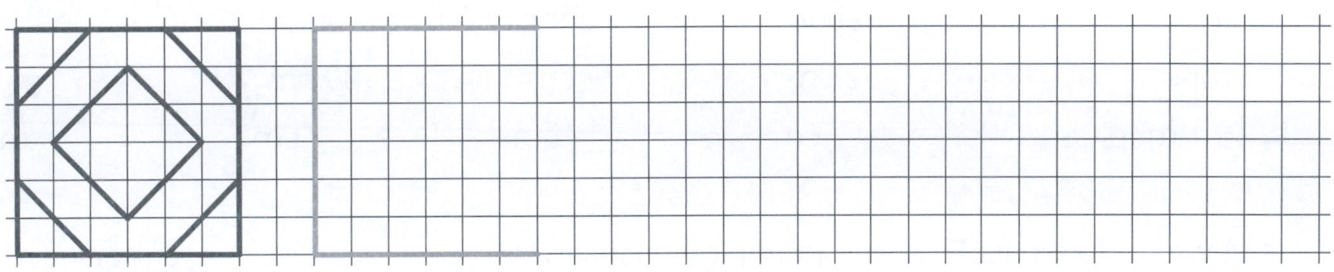

→ Schülerbuch, Seiten 28/29

1, 3 Muster fortsetzen. **2** Messen von Strecken mit dem Lineal.

1 Ergänzen bis 100.

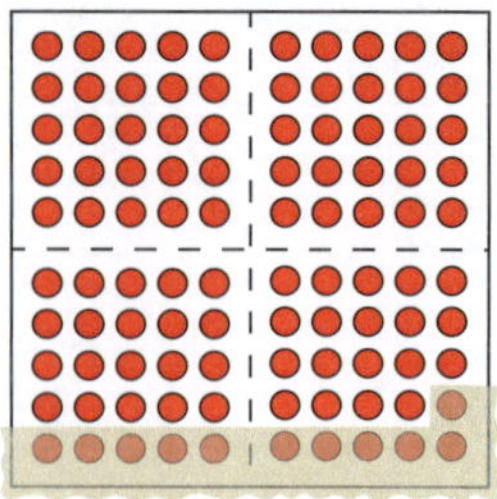

89 + ... = 100

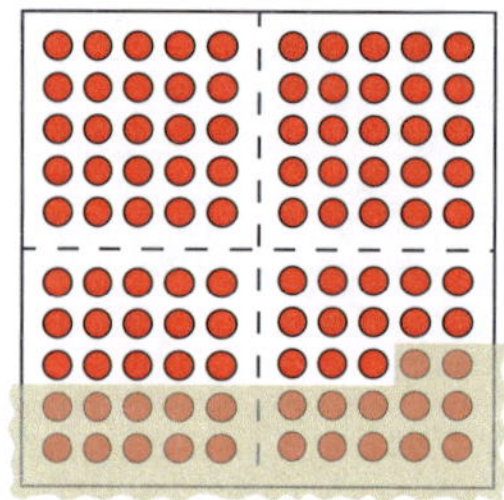

78 + ... = 100

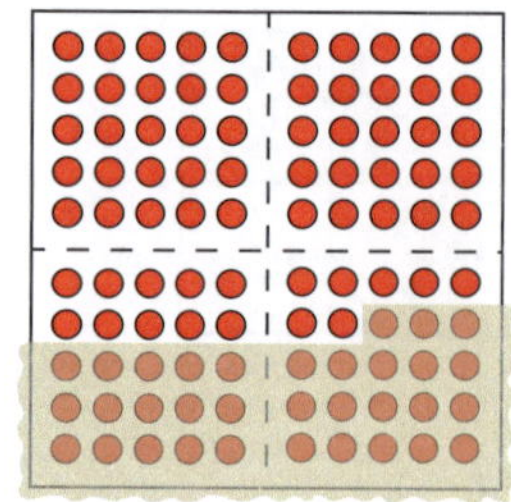

67 + ... = 100

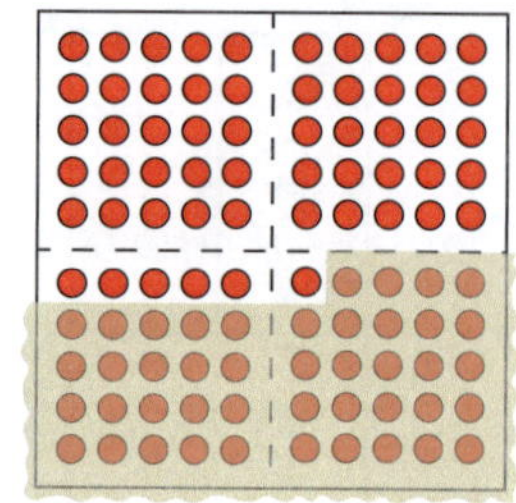

56 + ... = 100

2

100
92 +
82 +
72 +
62 +
52 +

100
83 +
38 +
88 +
33 +
55 +

3

1 m	
98 cm +	cm
87 cm +	cm
76 cm +	cm
65 cm +	cm
54 cm +	cm

1 Euro	
89 Cent +	Cent
79 Cent +	Cent
69 Cent +	Cent
59 Cent +	Cent
49 Cent +	Cent

4 a) 2 kleine Eiskugeln kosten 1 Euro. ?

....

....

....

b) 4 Müsliriegel kosten 1 Euro. ?

....

....

....

5 a) Wie viel cm fehlen zu 1 m?

Emil

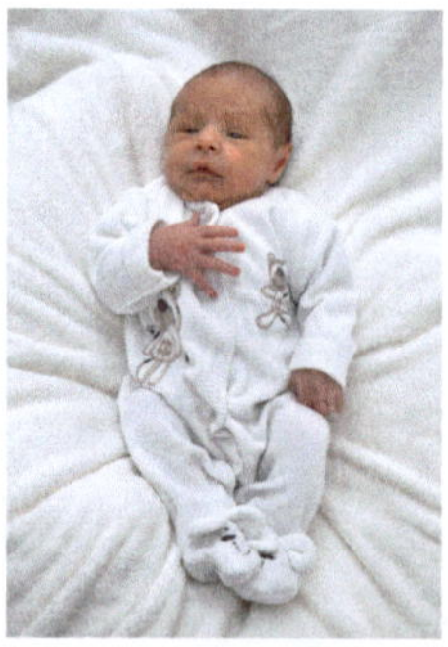

Alter:	Geburt	1 Jahr	2 Jahre	3 Jahre
Größe:	52 cm	77 cm	89 cm	97 cm
Zu 1 m fehlen:	.... cm	.... cm	.... cm	.... cm

b) Wie viele cm ist Emil in 3 Jahren gewachsen? Er ist .... cm gewachsen.

→ Schülerbuch, Seite 32

1, 2 Ergänzen bis 100. **3** Ergänzungsaufgaben evtl. am Maßband bzw. mit Rechengeld lösen. **4** Eine passende Frage überlegen und beantworten. **5** Sachaufgabe lösen. ⚡ Blitzrechnen: Ergänzen bis 100/100 teilen. Zur Grundlegung und zum Üben aufgeklappte Umschlagseite benutzen.

1 Wie viel Euro?

	.... €
	.... €
	.... €
	.... €

2 Wie viel Cent?

	.... ct
	.... ct
	.... ct
	.... ct

3 Lege und zeichne mit möglichst wenigen Scheinen und Münzen.

23 Euro	20 2 Euro 1 Euro
45 Euro	
54 Euro	
91 Euro	

31 Cent	20 10 1
13 Cent	
25 Cent	
55 Cent	

4 Immer 60 Euro.

	Scheine
50 5 5	3

5 Lege 60 Euro mit möglichst vielen Scheinen. Es sind .... Scheine.

→ Schülerbuch, Seiten 34/36
1 – 5 Aufgaben evtl. mit Rechengeld lösen. **3** Bewusstheit der Kinder auf den kleinen Geldbeutel der Seitenzahl lenken. Dort sind die Geldbeträge mit möglichst wenigen Münzen gelegt.

1

5 € + 3 € = ... €

8 € – 3 € = ... €

50 € + 30 € = ... €

80 € – 30 € = ... €

2

7 + 2 = ...
70 + 20 = ...
4 + 5 = ...
40 + 50 = ...
50 + 40 = ...

5 + 3 = ...
50 + 30 = ...
8 – 3 = ...
80 – 30 = ...
8 – 5 = ...

3

4 + 4 = ...
40 + 40 = ...
6 – 3 = ...
60 – 30 = ...
60 – 40 = ...

8 + 2 = ...
80 + 20 = ...
80 – 20 = ...
20 + 20 = ...
80 – 2 = ...

4 Löse geschickt.

a) 6 + 6 – 6 = ...
60 + 60 – 60 = ...
4 + 5 – 4 = ...
40 + 50 – 40 = ...
3 + 4 – 7 = ...
30 + 40 – 70 = ...

b) 7 + 6 – 6 = ...
70 + 60 – 60 = ...
4 + 7 – 4 = ...
40 + 70 – 40 = ...
3 + 4 – 6 = ...
30 + 40 – 60 = ...

c) 9 + 4 – 9 = ...
90 + 40 – 90 = ...
3 + 3 – 6 = ...
30 + 30 – 60 = ...
5 – 4 + 5 = ...
50 – 40 + 50 = ...

d) 8 + 7 – 6 = ...
80 + 70 – 60 = ...
5 + 7 – 5 = ...
50 + 70 – 50 = ...
15 – 7 + 6 = ...
150 – 70 + 60 = ...

5 a)

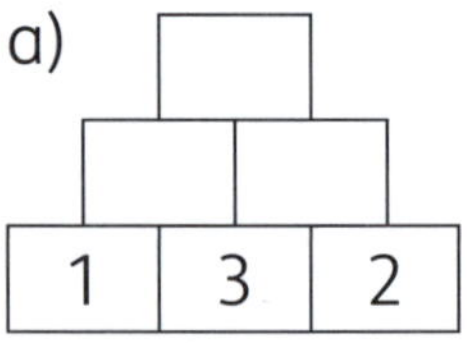

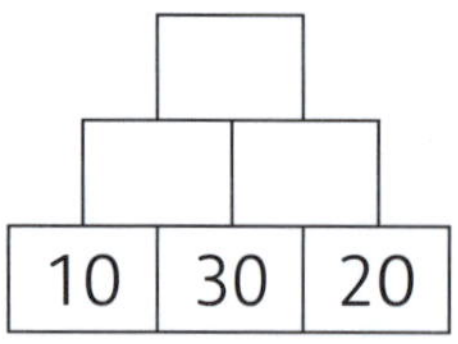

b)

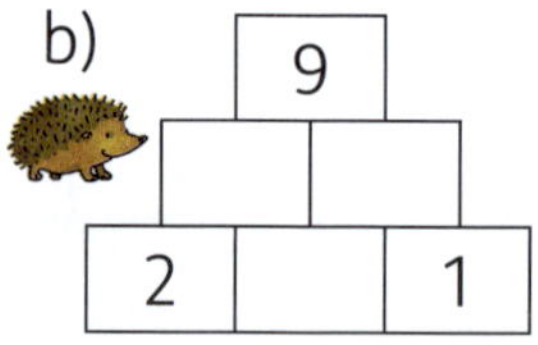

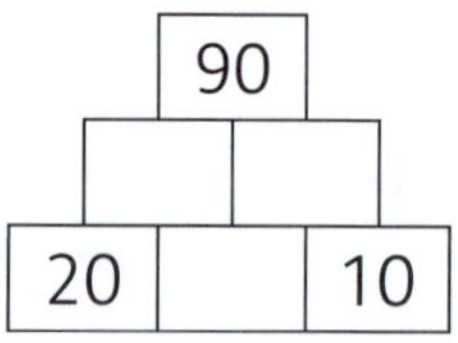

6 Paul und Lea haben zusammen 20 Euro.
Lea hat 4 Euro mehr als Paul.
Paul hat .... Euro.
Lea hat .... Euro.

7 Jule und Tom haben zusammen 20 Euro.
Tom hat 4 Euro weniger als Jule.
Jule hat .... Euro.
Tom hat .... Euro.

→ Schülerbuch, Seite 37

1 – 5 Mit Zehnern rechnen wie mit Einern. **6, 7** Sachaufgaben lösen.

1 a)

27 ct + 27 ct = ... ct

b)

36 € + 36 € = ... €

2

40 + 40 = ...	40 + 40 = ...	40 + 40 = ...	40 + 40 = ...
1 + 1 = ...	2 + 2 = ...	3 + 3 = ...	6 + 6 = ...
41 + 41 = ...	42 + 42 = ...	43 + 43 = ...	46 + 46 = ...

3

Länge	40 cm	20 cm	10 cm	15 cm	30 cm	35 cm	50 cm	45 cm
das Doppelte	80 cm							

4

40 = 20 + 20	50 = ... + ...	30 = ... + ...	60 = ... + ...
6 = 3 + 3	2 = ... + ...	8 = ... + ...	6 = ... + ...
46 = ... + ...	52 = ... + ...	38 = ... + ...	66 = ... + ...

5

Länge	80 cm	60 cm	20 cm	40 cm	100 cm	10 cm	30 cm	50 cm
die Hälfte	40 cm							

6 a)

Eine Fahrt für Kinder kostet .... €.

b)

Preis	22 €	32 €	28 €	46 €	50 €	44 €	38 €	18 €
halber Preis								

1 – 3 Verdoppeln von Zahlen und Größen. **4 – 6** Halbieren von Zahlen und Größen. ⚡ Blitzrechnen: Verdoppeln / Halbieren. Zur Grundlegung und zum Üben aufgeklappte Umschlagseite benutzen.

Einfache Plusaufgaben

1

a) 

38 + 5 = ...

b) 

33 + 5 = ...

c) 

35 + 8 = ...

d) 36 + 3 = ...
36 + 4 = ...
36 + 5 = ...

e) 49 + 9 = ...
49 + 8 = ...
49 + 2 = ...

f) 41 + 9 = ...
41 + 8 = ...
41 + 2 = ...

g) 34 + 5 = ...
34 + 7 = ...
34 + 9 = ...

2

45 + 10 = ...
46 + 20 = ...
47 + 30 = ...
48 + 40 = ...

5 + 50 = ...
14 + 50 = ...
23 + 50 = ...
32 + 50 = ...

3

10 + 1 = ...
19 + 3 = ...
28 + 5 = ...
37 + 7 = ...

91 + 8 = ...
82 + 8 = ...
73 + 8 = ...
64 + 8 = ...

4

50 + 40 = ...
4 + 5 = ...
54 + 45 = ...

20 + 40 = ...
4 + 2 = ...
24 + 42 = ...

5

70 + 10 = ...
7 + 3 = ...
77 + 13 = ...

60 + 20 = ...
7 + 4 = ...
67 + 24 = ...

6

a) Immer + 4.

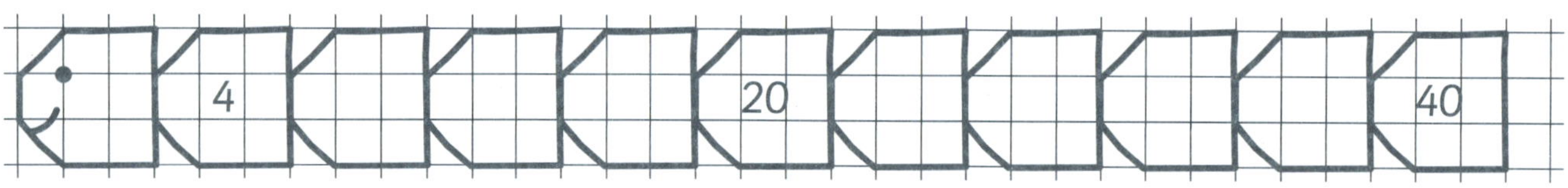

b) Immer + 5.

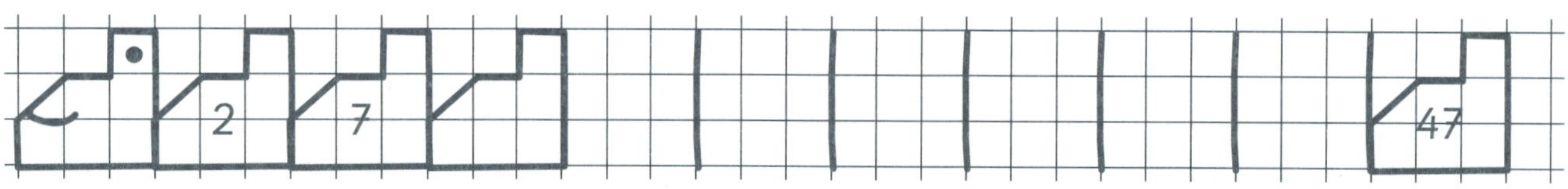

c) Immer + 11.

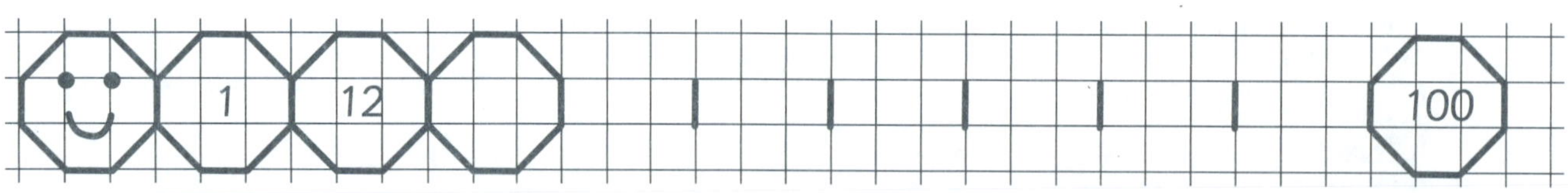

d) Immer + 9.

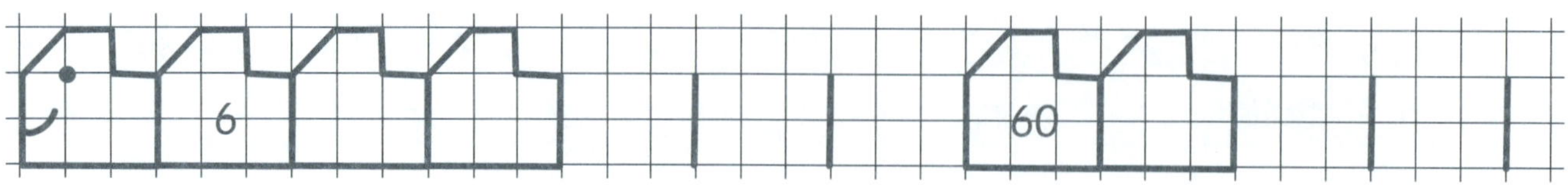

→ Schülerbuch, Seite 41
1 Entdecken, wann die Summe der Einer einen neuen Zehner bildet. **2, 3** Schöne Muster entdecken.
4, 5 Einfache Plusaufgaben rechnen. **6** Zahlenraupen zeichnen und fehlende Zahlen eintragen. Blitzrechnen: Einfache Plusaufgaben. Zur Grundlegung und zum Üben aufgeklappte Umschlagseite benutzen.

1 Starte in der Mitte.

a)
- 43 + 20 = ...
- 43 + 21 = ...
- 43 + 19 = ...
- 43 + 24 = ...
- 43 + 17 = ...

b)
- 47 + 7 = ...
- 47 + 37 = ...
- 47 + 17 = ...
- 47 + 27 = ...
- 47 + 47 = ...

2

a) 34 + 45 = ...
30 + 40 = 70
4 + 5 = 9

b) 76 + 14 = 62
6 + 4 = ...
70 + 10 = ...

c) 16 + 65 = ...
...... + ... = ...
...... + ... = ...

d) 57 + 24 = ...
...... + ... = ...
...... + ... = ...

3

a) 73 + 25 = 98 ✓
70 + 20 = 90 ✓
3 + 5 = 8 ✓

b) 37 + 25 = 62 ✓
7 + 5 = 12
30 + 20 = 50

c) 48 + 47 = 95 ✓
8 + 7 = 15 ✓
40 + 40 = 80 ✓

d) 76 + 19 = 95 ✓
70 + 10 = 80
6 + 9 = 15

4

a) 38 + 51 = ...
38 + 50 = ...
88 + 1 = ...

b) 47 + 34 = ...
47 + 4 = ...
51 + 30 = ...

c) 33 + 47 = ...
33 + 7 = ...
...... + 40 = ...

d) 59 + 26 = ...
59 + 6 = ...
...... + 20 = ...

5

a) 26 + 55 = ...
26 + 50 = ...
76 + 5 = ...

b) 37 + 39 = ...
37 + 9 = ...
46 + 30 = ...

c) 58 + 27 = ...
58 + 20 = ...
...... + 7 = ...

d) 66 + 15 = ...
66 + 10 = ...
...... + 5 = ...

6

a) 3 + 6 = ...
13 + 16 = ...
33 + 16 = ...

b) 23 + 30 = ...
23 + 36 = ...
23 + 46 = ...

c) 7 + 7 = ...
37 + 7 = ...
37 + 17 = ...

d) 5 + 7 = ...
25 + 27 = ...
26 + 28 = ...

7 Hüpf im Päckchen! Rechne immer mit dem Ergebnis weiter.

a) 31 + 8 = ...
52 + 5 = ...
39 + 7 = ...
46 + 6 = ...
57 + 9 = ...
Ziel 66

b) 17 + 20 = ...
41 + 9 = ...
64 + 12 = ...
37 + 4 = ...
50 + 14 = ...
Ziel 76

c) 28 + 7 = ...
56 + 7 = ...
42 + 7 = ...
49 + 7 = ...
35 + 7 = ...
Ziel 63

d) 48 + 9 = ...
76 + 10 = ...
86 + 12 = ...
57 + 8 = ...
65 + 11 = ...
Ziel 98

→ Schülerbuch, Seiten 42/43
1 – 6 Aus einfachen Aufgaben schwierigere Aufgaben erschließen. **7** Das Ergebnis einer Aufgabe ist die erste Zahl der nächsten Aufgabe, das Ergebnis der letzten Aufgabe ist die Zielzahl.

Von einfachen zu schwierigen Plusaufgaben

1 Starte in der Mitte.

a)
37 + 40 = ...
37 + 39 = ...
37 + 38 = ...
37 + 37 = ...
37 + 44 = ...

b)
58 + 9 = ...
38 + 9 = ...
58 + 39 = ...
48 + 19 = ...
58 + 19 = ...

2

a) 33 + 39 = ...
33 + 40 = ...
30 + 42 = ...

b) 47 + 18 = ...
47 + 20 = ...
40 + 25 = ...

c) 27 + 26 = ...
30 + 23 = ...
25 + 25 = ...

d) 27 + 23 = ...
25 + 25 = ...
30 + 20 = ...

3

a) 28 + 27 = ...
28 + 30 = ...
30 + 27 = ...

b) 53 + 30 = ...
53 + 28 = ...
50 + 28 = ...

c) 76 + 17 = ...
76 + 20 = ...
80 + 17 = ...

d) 34 + 38 = ...
32 + 40 = ...
36 + 30 = ...

4 Beginne immer mit einer leichten Aufgabe und markiere sie. Vergleiche.

a) 32 + 19 = ...
32 + 20 = ...
X 30 + 21 = 51
32 + 9 = ...
30 + 19 = ...

b) 27 + 34 = ...
27 + 33 = ...
21 + 40 = ...
30 + 31 = ...
27 + 4 = ...

c) 34 + 38 = ...
32 + 40 = ...
36 + 36 = ...
34 + 40 = ...
34 + 8 = ...

d) 47 + 16 = ...
47 + 6 = ...
50 + 13 = ...
43 + 20 = ...
7 + 16 = ...

5

a) 5 + 9 = ...
45 + 9 = ...
45 + 29 = ...

b) 7 + 3 = ...
37 + 3 = ...
37 + 23 = ...

c) 6 + 5 = ...
6 + 45 = ...
16 + 45 = ...

d) 9 + 8 = ...
9 + 28 = ...
49 + 28 = ...

6 Hüpf im Päckchen! Rechne immer mit dem Ergebnis weiter.

a) 67 + 4 = ...
91 + 9 = ...
71 + 8 = ...
84 + 7 = ...
79 + 5 = ...
Ziel 100

b) 18 + 9 = ...
45 + 9 = ...
54 + 9 = ...
27 + 9 = ...
36 + 9 = ...
Ziel 63

c) 56 + 8 = ...
88 + 8 = ...
72 + 8 = ...
64 + 8 = ...
80 + 8 = ...
Ziel 96

d) 37 + 6 = ...
60 + 7 = ...
52 + 8 = ...
43 + 9 = ...
67 + 10 = ...
Ziel 77

→ Schülerbuch, Seiten 42/43

1 – 5 Aus einfachen Aufgaben schwierigere Aufgaben erschließen. **6** Das Ergebnis einer Aufgabe ist die erste Zahl der nächsten Aufgabe, das Ergebnis der letzten Aufgabe ist die Zielzahl.

1 Denke an die Tauschaufgabe.

a)	b)	c)	d)
3 + 68 = ...	12 + 29 = ...	8 + 69 = ...	7 + 45 = ...
13 + 68 = ...	22 + 29 = ...	7 + 59 = ...	56 + 7 = ...
77 + 7 = ...	12 + 39 = ...	6 + 49 = ...	6 + 68 = ...
7 + 87 = ...	8 + 63 = ...	5 + 39 = ...	8 + 77 = ...
[illegible] + 79 = ...	3 + 68 =	4 + 29 = ...	88 + 8 = ...

2 Vergleiche die Mauern.

9	34	23

9	23	34

23	9	34

23	34	9

34	23	9

34	9	23

3 Trage die Zahlen passend ein. Probiere. Es gibt immer zwei Lösungen.

a) 95, 62, 47, 33, 18, 15

b) 89, 54, 45, 35, 26, 9

4

a)	b)	c)	d)
12 + 46 = ...	21 + 46 = ...	41 + 26 = ...	62 + 41 = ...
12 + 64 = ...	21 + 64 = ...	 41 + 62 = ...	 62 + 14 = ...
14 + 26 = ...	24 + 16 = ...	42 + 16 = ...	64 + 21 = ...
14 + 62 = ...	24 + 61 = ...	42 + 61 = ...	64 + 12 = ...
16 + 42 = ...	26 + 41 = ...	46 + 21 = ...	61 + 42 = ...
16 + 24 = ...	26 + 14 = ...	46 + 12 = ...	61 + 24 = ...

e) Kontrolliere: Es gibt 6 verschiedene Ergebnisse. Jedes Ergebnis kommt viermal vor.

5 Mario hat eine Plusaufgabe gerechnet. Das Ergebnis ist 77.

a) Er vertauscht die beiden Zahlen. Das neue Ergebnis ist ....

 b) Er erhöht die erste Zahl um 2 und die zweite Zahl um 1. Das neue Ergebnis ist ....

→ Schülerbuch, Seite 44

1, 2 Aufgaben lösen, Tauschaufgaben als Rechenvorteil einsetzen. **3** Zahlen passend einsetzen.
4 Ergebnisse kontrollieren. Gleiche Ergebnisse evtl. begründen. **5** Textaufgabe lösen.

20 5

1 < oder > oder =? Setze ein.

a)	b)	c)	d)
35 + 8 ⊘ 50	40 + 40 ⊜ 80	35 + 19 ⊘ 100	33 + 66 ⊘ 100
45 + 8 ○ 50	50 + 30 ○ 80	39 + 15 ○ 100	22 + 88 ○ 100
54 + 8 ○ 50	50 + 40 ○ 80	58 + 39 ○ 100	17 + 82 ○ 100
39 + 8 ○ 50	45 + 40 ○ 80	58 + 42 ○ 100	27 + 82 ○ 100
42 + 8 ○ 50	35 + 45 ○ 80	58 + 52 ○ 100	27 + 73 ○ 100

2 Wie viele Würfel?

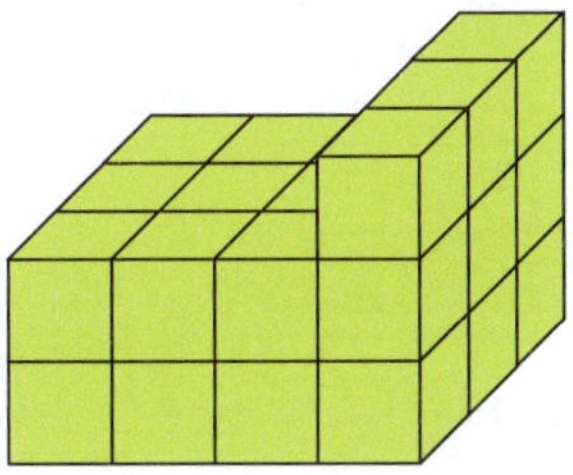
....

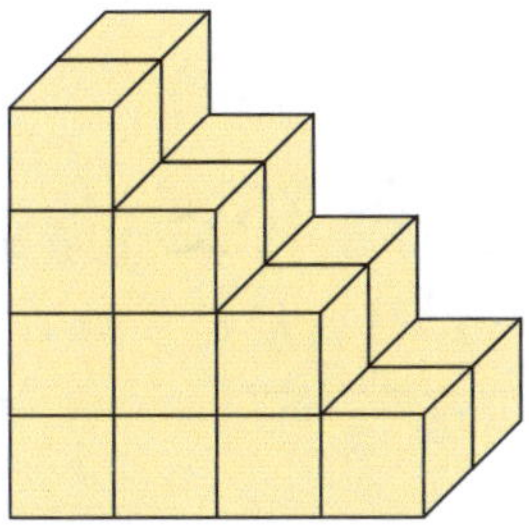
....

....

3 In einem Bus sind
34 Sitz- und 18 Stehplätze. **?**

....

....

4 Schöne Päckchen. Setze fort.

a)	b)	c)	d)
4 + 26 = ...	27 + 25 = ...	25 + 25 = ...	27 + 18 = ...
15 + 25 = ...	25 + 27 = ...	30 + 20 = ...	36 + 18 = ...
26 + 24 = ...	23 + 29 = ...	35 + 15 = ...	45 + 18 = ...
37 + 23 = ...	21 + 31 = ...	40 + 10 = ...	54 + 18 = ...
...... + ... = ...	...... + ... = ...	...... + ... = ...	...... + ... = ...
...... + ... = ...	...... + ... = ...	...... + ... = ...	...... + ... = ...

5 Schöne Päckchen?

a)	b)	c)	d)
23 + 57 = ...	5 + 6 = ...	61 + 30 = ...	44 + 31 = ...
27 + 53 = ...	16 + 17 = ...	62 + 29 = ...	51 + 29 = ...
28 + 52 = ...	27 + 28 = ...	63 + 28 = ...	58 + 27 = ...
29 + 51 = ...	38 + 39 = ...	64 + 28 = ...	65 + 26 = ...
30 + 50 = ...	49 + 40 = ...	65 + 26 = ...	72 + 23 = ...
....	....	....	....

→ Schülerbuch, Seiten 45/46
1 Evtl. Hinweis geben, dass nicht immer gerechnet werden muss. **2** Anzahlen bestimmen, dabei geschickt zählen. **3** Eine passende Frage überlegen und beantworten. **4** Muster entdecken, fortsetzen und evtl. begründen. **5** Störungen entdecken, evtl. „reparieren".

1 Zehner anknabbern oder nicht?

a)

38 − 5 = ... 35 − 8 = ...

b)

56 − 6 = ... 55 − 6 = ...

c)

43 − 2 = ... 42 − 3 = ...

d)

28 − 6 = ... 26 − 8 = ...

2

54 − 10 = ... 66 − 20 = ...
64 − 20 = ... 65 − 30 = ...
74 − 30 = ... 64 − 40 = ...
84 − 40 = ... 63 − 50 = ...
94 − 50 = ... 62 − 60 = ...

3

81 − 4 = ... 31 − 9 = ...
71 − 5 = ... 42 − 9 = ...
61 − 6 = ... 53 − 8 = ...
51 − 8 = ... 64 − 9 = ...
41 − 8 = ... 75 − 9 = ...

4

86 − 30 = ... 94 − 50 = ...
68 − 60 = ... 59 − 40 = ...
86 − 30 = ... 95 − 40 = ...
83 − 60 = ... 59 − 4 = ...

5

87 − 6 = 81 ✓ 47 − 5 = 42 ✓
86 − 7 = 79 ✓ 74 − 5 = 69 ✓
67 − 8 = 59 ✓ 45 − 7 = 38 ✓
58 − 7 = 51 ✓ 54 − 7 = 47 ✓

6 a) Immer + 6.

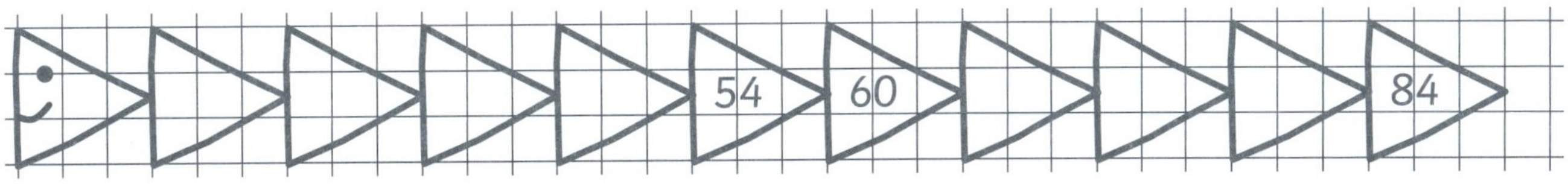

b) Immer + 11.

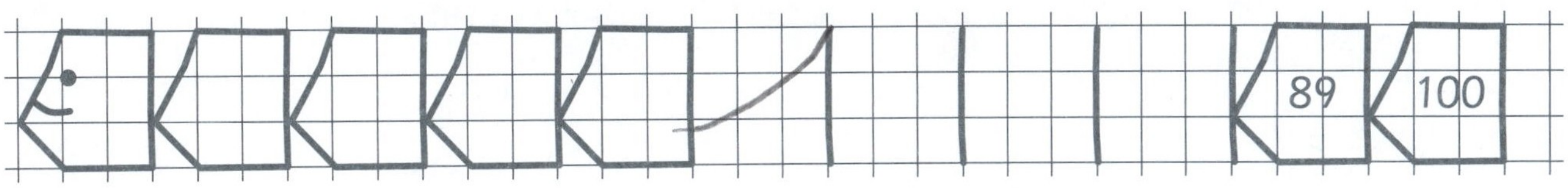

c) Immer + 9.

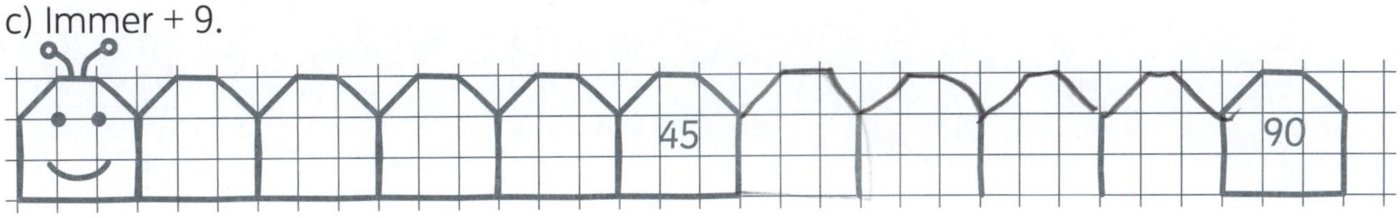

→ Schülerbuch, Seite 51
1 – 6 Einfache Minusaufgaben. **1** Entdecken, wann ein Zehner angeknabbert werden muss.
6 Zahlenraupen zeichnen und „rückwärts“ (als Minusaufgabe) berechnen. ⚡ Blitzrechnen: Einfache Minusaufgaben.
Zur Grundlegung und zum Üben aufgeklappte Umschlagseite benutzen.

Von einfachen zu schwierigen Minusaufgaben

1 Starte in der Mitte.

a)

67 − 21 = 48
67 − 23 = 50
67 − 20 = 47
67 − 19 = 46
67 − 17 = 44

b)

88 − 62 = 30
88 − 66 = 35
88 − 60 = 28
88 − 58 = 30
88 − 59 = 29

2

a)	b)	c)	d)
63 − 27 = 36	70 − 43 = 27	29 − 17 = 12	65 − 36 = 29
63 − 20 = 43	70 − 40 = 30	29 − 10 = 19	65 − 6 = 59
43 − 7 = 36	30 − 3 = 27	19 − 7 = 12	59 − 30 = 29

3

a)	b)	c)	d)
44 − 28 = 16	68 − 29 = 39	54 − 17 = 37	33 − 14 = 19
44 − 8 = 36	68 − 20 = 48	54 − 10 = 44	33 − 10 = 23
36 − 20 = 16	48 − 9 = 39	44 − 7 = 37	23 − 4 = 19

4

a)	b)	c)	d)
48 − 17 = 31	99 − 62 = 37	87 − 62 = 25	39 − 17 = 22
40 − 10 = 30	90 − 60 = 30	80 − 60 = 20	30 − 10 = 20
8 − 7 = 1	9 − 2 = 7	7 − 2 = 5	9 − 7 = 2

5

a)	b)	c)	d)
44 − 13 = 31	66 − 25 = 41	74 − 32 = 42	95 − 53 = 42
40 − 10 = 30	60 − 20 = 40	70 − 30 = 40	90 − 50 = 40
4 − 3 = 1	6 − 5 = 1	4 − 2 = 2	5 − 3 = 2

6

a)	b)	c)	d)
67 − 40 = 27	53 − 20 = 33	86 − 60 = 26	45 − 10 = ...
67 − 39 = 26	53 − 22 = 35	76 − 59 = ...	45 − 16 = ...
67 − 41 = 28	53 − 24 = 29	86 − 58 = ...	45 − 9 = ...

7 Hüpf im Päckchen! Rechne immer mit dem Ergebnis weiter.

a)	b)	c)	d)
80 − 8 = ...	66 − 11 = ...	64 − 15 = ...	56 − 14 = ...
48 − 8 = ...	28 − 7 = ...	36 − 11 = ...	30 − 10 = ...
64 − 8 = ...	36 − 8 = ...	16 − 7 = ...	12 − 6 = ...
72 − 8 = ...	55 − 10 = ...	25 − 9 = ...	20 − 8 = ...
56 − 8 = ...	45 − 9 = ...	49 − 13 = ...	42 − 12 = ...
Ziel 40	Ziel 21	Ziel 9	Ziel 6

→ Schülerbuch, Seiten 52/53

1–6 Aus einfachen Aufgaben schwierigere Aufgaben erschließen. **7** Das Ergebnis einer Aufgabe ist die erste Zahl der nächsten Aufgabe, das Ergebnis der letzten Aufgabe ist die Zielzahl.

8 Starte in der Mitte.

a)
- 57 – 18 = ...
- 57 – 48 = ...
- 57 – 8 = ...
- 57 – 9 = ...
- 55 – 8 = ...

b)
- 97 – 49 = ...
- 97 – 54 = ...
- 97 – 50 = ...
- 97 – 57 = ...
- 97 – 48 = ...

9

a)	b)	c)	d)
83 – 19 = ...	74 – 19 = ...	45 – 17 = ...	36 – 28 = ...
83 – 20 = ...	74 – 20 = ...	45 – 20 = ...	36 – 30 = ...

10

a)	b)	c)	d)
63 – 29 = ...	70 – 47 = ...	56 – 37 = ...	42 – 16 = ...
63 – 30 = ...	70 – 50 = ...	57 – 37 = ...	42 – 20 = ...

11

a)	b)	c)	d)
50 – 8 = 42	83 – 5 = 6	64 – 6 = ...	72 – 7 = ...
50 – 48 = 2	83 – 75 = 8	64 – 56 = ...	72 – 67 = ...
50 – 28 = 39	83 – 55 = ...	64 – 46 = ...	72 – 47 = ...

12

a)	b)	c)	d)
41 – 6 = ...	35 – 7 = ...	56 – 8 = ...	64 – 9 = ...
41 – 36 = ...	35 – 27 = ...	56 – 48 = ...	64 – 59 = ...
41 – 26 = ...	35 – 17 = ...	56 – 28 = ...	64 – 29 = ...

13 Beginne immer mit einer leichten Aufgabe und markiere sie. Vergleiche.

a)	b)	c)	d)
88 – 19 = ...	92 – 34 = ...	53 – 18 = ...	66 – 15 = ...
88 – 9 = ...	92 – 30 = ...	53 – 20 = ...	66 – 5 = ...
88 – 20 = ...	92 – 4 = ...	53 – 8 = ...	66 – 10 = ...
X 88 – 18 = 70	88 – 30 = ...	50 – 15 = ...	71 – 20 = ...

14 Hüpf im Päckchen! Rechne immer mit dem Ergebnis weiter.

a)	b)	c)	d)
70 – 7 = ...	66 – 11 = ...	64 – 15 = ...	80 – 8 = ...
42 – 7 = ...	28 – 7 = ...	36 – 11 = ...	56 – 8 = ...
56 – 7 = ...	45 – 9 = ...	16 – 7 = ...	48 – 6 = ...
63 – 7 = ...	55 – 10 = ...	49 – 13 = ...	72 – 9 = ...
49 – 7 = ...	36 – 8 = ...	25 – 9 = ...	63 – 7 = ...
Ziel 35	Ziel 21	Ziel 9	Ziel 42

→ Schülerbuch, Seiten 52/53

8 – 13 Aus einfachen Aufgaben schwierigere Aufgaben erschließen. **14** Das Ergebnis einer Aufgabe ist die erste Zahl der nächsten Aufgabe, das Ergebnis der letzten Aufgabe ist die Zielzahl.

Minusaufgaben auch durch Ergänzen lösen

1 Vergleiche die Aufgaben.

a) 56 + ... = 70
70 − 56 = ...

b) 72 + ... = 90
90 − 18 = ...

c) 48 + ... = 60
60 − 48 = ...

d) 64 + ... = 80
80 − 64 = ...

e) 79 + ... = 88
88 − 79 = ...

f) 44 + ... = 53
53 − 44 = ...

g) 79 + ... = 81
81 − 79 = ...

h) 88 + ... = 94
94 − 88 = ...

2 Löse durch Ergänzen.

a)	b)	c)	d)
72 − 56 = ...	81 − 65 = ...	70 − 63 = ...	92 − 85 = ...
56 − 42 = ...	65 − 50 = ...	63 − 56 = ...	85 − 79 = ...
42 − 30 = ...	50 − 36 = ...	56 − 49 = ...	79 − 74 = ...
30 − 20 = ...	36 − 23 = ...	49 − 42 = ...	74 − 70 = ...
20 − 12 = ...	23 − 11 = ...	42 − 35 = ...	70 − 67 = ...

3 < oder > oder = ?

a) 85 − 20 ⧁ 50
65 − 20 ○ 50

b) 38 − 14 ○ 25
95 − 15 ○ 25

c) 88 − 13 ○ 75
83 − 13 ○ 75

d) 94 − 49 ○ 50
99 − 44 ○ 50

4

a)	b)
70 − 20 = ...	18 − 13 = ...
72 − 22 = ...	38 − 13 = ...
82 − 32 = ...	58 − 13 = ...
84 − 34 = ...	78 − 13 = ...
85 − 35 = ...	98 − 13 = ...

5

a)	b)
54 + ... = 68	44 + ... = 56
43 + ... = 58	44 + ... = 67
32 + ... = 48	44 + ... = 78
21 + ... = 38	44 + ... = 89
10 + ... = 28	44 + ... = 100

6 Schöne Päckchen. Setze fort.

a)	b)
55 − 22 = ...	75 − 50 = ...
66 − 33 = ...	74 − 51 = ...
77 − 44 = ...	73 − 52 = ...
88 − 55 = ...	72 − 53 = ...
.... − .... = ...	.... − .... = ...

7 Schöne Päckchen. Setze fort.

a)	b)
40 + ... = 60	36 + ... = 49
41 + ... = 62	35 + ... = 59
42 + ... = 64	34 + ... = 69
43 + ... = 66	33 + ... = 79
.... + ... = ...	.... + ... = ...

8 In einer Gruppe sind 64 Kinder, davon sind 28 Mädchen. ?

.... Es sind .... Jungen.

→ Schülerbuch, Seite 54

1, 2 Minusaufgaben durch Ergänzen lösen. **4 – 7** Muster entdecken und evtl. fortsetzen. **8** Textaufgabe lösen.

1 a)

Start	− 2		+ 9		− 8		+ 1	Ziel
50	→	48	→	57	→	49	→	50
61								
72								
83								

Warum ist die Zielzahl immer gleich der Startzahl?
Begründe:

____
____
____
____

b)

Start	− 3		+ 8		− 5		+ 2	Ziel
50	→		→		→		→	
61								
72								
83								

Warum ist die Zielzahl immer um 2 größer als die Startzahl?
Begründe:

____
____
____
____

2 a)

Start	+ 9	Ziel
36	→	45
37		
48		
59		
60		

b)

Start	+ 10		− 1	Ziel
36	→	46	→	45
37				
48				
59				
60				

Vergleiche Start- und Zielzahl von a) und b). Was fällt auf?
Begründe:

____
____
____
____
____

3 a)

Start	− 9	Ziel
36	→	27
37		
48		
59		
60		

b)

Start	− 10		+ 1	Ziel
36	→	26	→	27
37				
48				
59				
60				

Vergleiche Start- und Zielzahl von a) und b). Was fällt auf?
Begründe:

____
____
____
____
____

→ Schülerbuch, Seite 57
1–3 Üben mit Rechenketten, dabei Muster als Rechenvorteil erkennen, nutzen und begründen.

Immer vier Aufgaben

1 a)

19 + 5 = ...
5 + 19 = ...
24 − 5 = ...
24 − 19 = ...

b)

23 + 7 = ...
7 + 23 = ...
30 − 7 = ...
30 − 23 = ...

c)

.... + ... = ...
.... + ... = ...
.... − .... = ...
.... − .... = ...

2 a)

23 + 4 = ...
4 + 23 = ...
27 − 4 = ...
27 − 23 = ...

b)

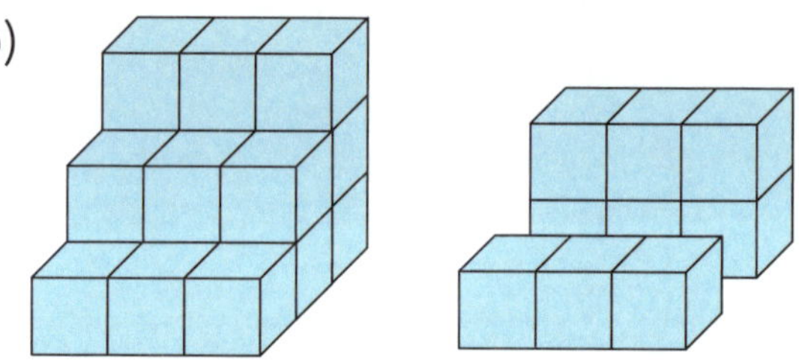

.... + ... = ...
.... + ... = ...
.... − .... = ...
.... − .... = ...

3

42 + 8 = ...	61 + 14 = ...	38 + 52 = ...	69 + 31 = ...
8 + 42 = ...	14 + 61 = ...	52 + 38 = ...	31 + 69 = ...
50 − 8 = ...	75 − 14 = ...	90 − 38 = ...	100 − 31 = ...
50 − 42 = ...	75 − 61 = ...	90 − 52 = ...	100 − 69 = ...

4 Rechne und kontrolliere mit einer Plus- oder Minusaufgabe.

a) 56 − 19 = 37	37 + 19 = 56	b) 37 + 24 = 61	61 − 24 = 37
83 − 17 = ...	.... + 17 = ...	78 + 15 = ...	.... − 15 = ...
92 − 14 = ...	.... + 14 = ...	44 + 18 = ...	.... − 18 = ...

5

64 − 56 = ...	83 − 77 = ...	94 − 89 = ...	58 − 49 = ...
56 + ... = 64	77 + ... = 83	89 + ... = 94	49 + ... = 58

→ Schülerbuch, Seite 58

1 – 3 Aufgaben, Tauschaufgaben und Umkehraufgaben finden und rechnen. **4** Mit Umkehraufgaben kontrollieren. **5** Minusaufgaben durch Ergänzen lösen.

1 Probiere.

a)

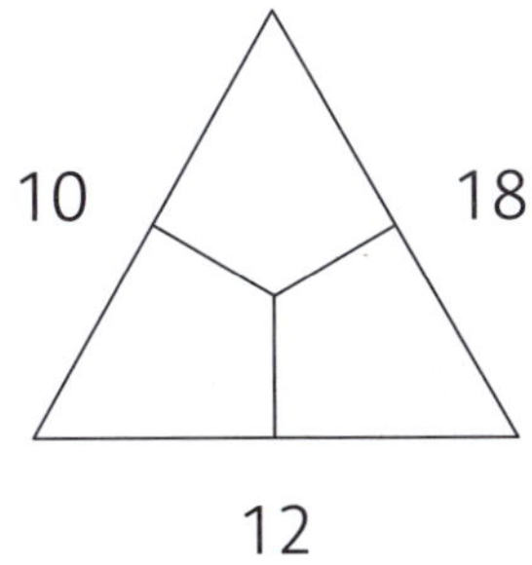

b) Auf einer Weide stehen
Kühe, Pferde und Ziegen.
Ohne Pferde sind es 18 Tiere.
Ohne Kühe sind es 12 Tiere.
Ohne Ziegen sind es 10 Tiere.
Es sind .... Pferde.
Es sind .... Kühe.
Es sind .... Ziegen.
Vergleiche mit a).

2 Robin bekommt von seinem Onkel 18 Euro.
Er kauft ein Eis für 2 Euro.
Die Hälfte des Restes gibt er seinem Bruder.
Er hat noch .... Euro übrig.

3 Im Freibad sind 46 Kinder.
17 Kinder spielen auf der Wiese,
im Schwimmbecken sind 4 Kinder mehr.
Die anderen Kinder stehen an der Rutsche.
Schwimmbecken: .... Kinder   Rutsche: .... Kinder

4 Simon hat 17 Euro in seiner Spardose.
Es sind 10 Münzen.
Probiere mit Rechengeld.
Es sind 1-Euro-Münzen
und .... 2-Euro-Münzen.

→ Schülerbuch, Seiten 60/61
1 – 4 Sachaufgaben zum Überlegen, Probieren und Rechnen. **1** Zusammenhang zwischen Rechendreieck und Sachaufgabe entdecken.

Mit Geld rechnen

32 €

13 €

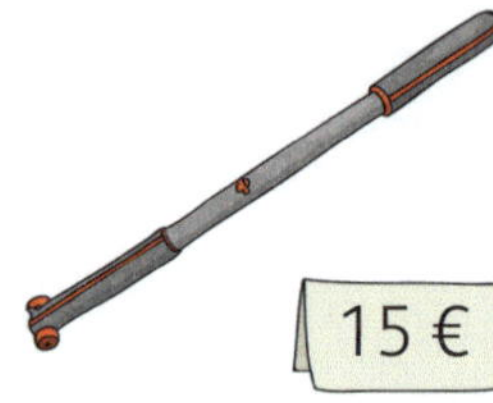
15 €

8 €

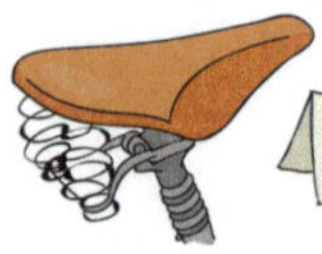
24 €

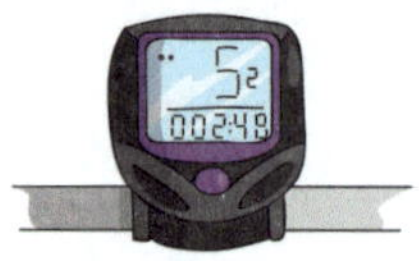
28 €

39 €

1 Lea hat:

Sie kauft:

1 Klingel .... €

15 € – .... € = ... €

Sie hat noch .... €.

2 Luisa hat:

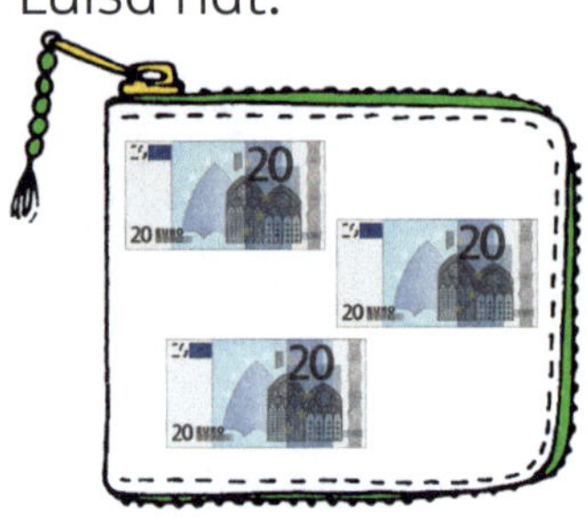

Sie kauft:

1 Sattel .... €

1 Tacho .... €

zusammen: .... €

60 € – .... € = ... €

Sie hat noch .... €.

3 Tino hat:

Er kauft:

1 Tasche .... €

1 Tacho .... €

zusammen: .... €

.... € – .... € = ... €

Er hat noch .... €.

4 Serkan braucht eine Luftpumpe und ein Schloss.
Er hat 30 Euro gespart. ?

....

....

5 Denke dir selbst Aufgaben zu den Preisen aus.

→ Schülerbuch, Seiten 62/63
1–4 Sachsituationen (Einkauf) evtl. mit Rechengeld lösen. Preise im Bild ablesen. **5** Selbst Aufgaben zu Preisen überlegen und im Heft notieren. ⚡ Blitzrechnen: Zerlegen. Zur Grundlegung und zum Üben aufgeklappte Umschlagseite benutzen.

1 Wie viele?

4 + 4 + 4 = ...

3 · 4 = ...

5 + 5 + 5 + 5 = ...

.... · .... = ...

6 + 6 + 6 + 6 = ...

.... · .... = ...

2

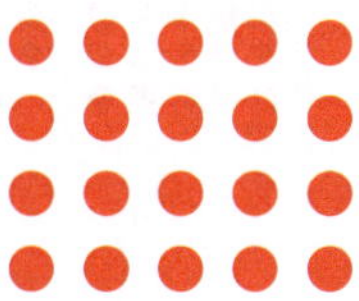

4 · 5 = ...

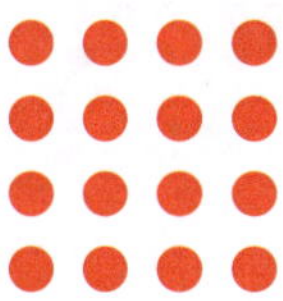

....

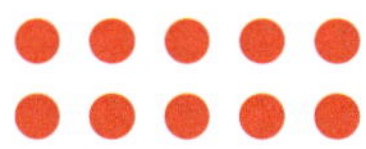

....

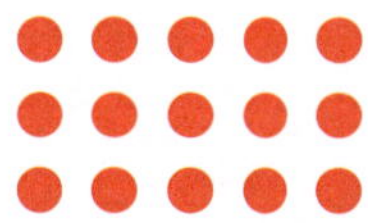

....

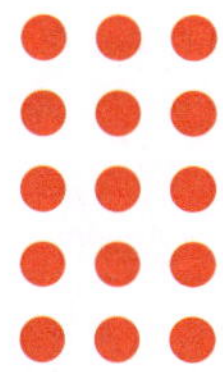

....

3 Wie viele Fliesen braucht der Fliesenleger für die ganze Terrasse?

....

....

....

4 Zeichne.

2 · 4 = ... 4 · 6 = ... 6 · 3 = ... 3 · 5 = ... 5 · 2 = ...

5 Zeichne.

3 · 7 = ... 3 · 8 = ... 3 · 9 = ...

1, 2 Malaufgaben finden und lösen. **3** Malaufgabe in Sachsituation erkennen. **4, 5** Felder zu Malaufgaben zeichnen.

1

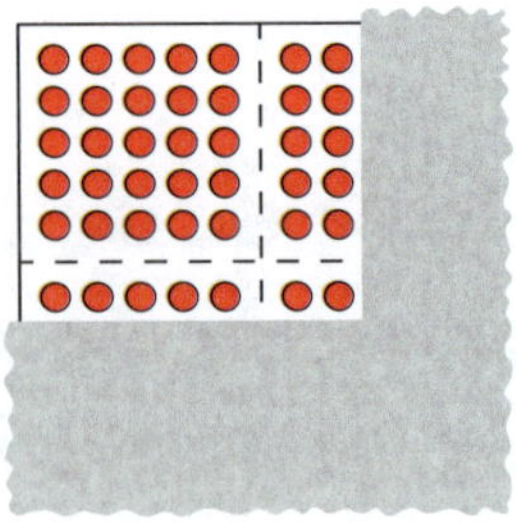

6 · 7 = ...

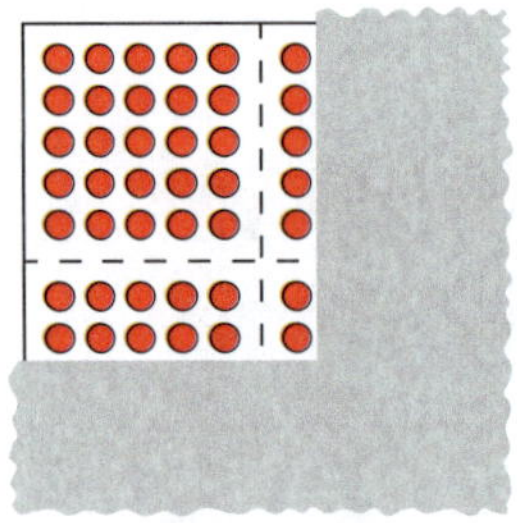

7 · 6 = ...

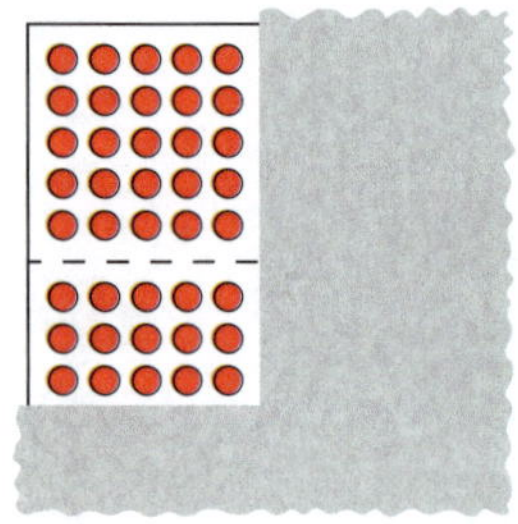

....

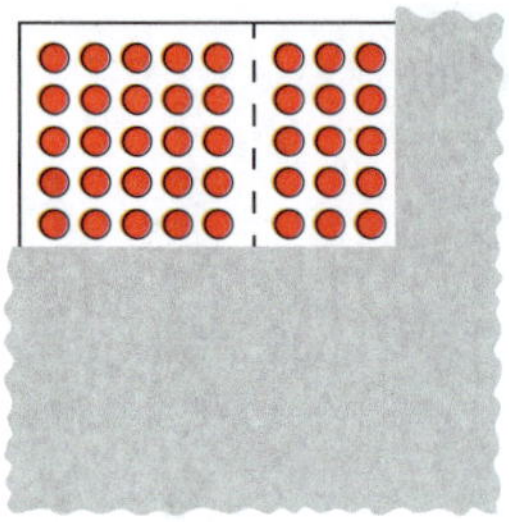

....

2

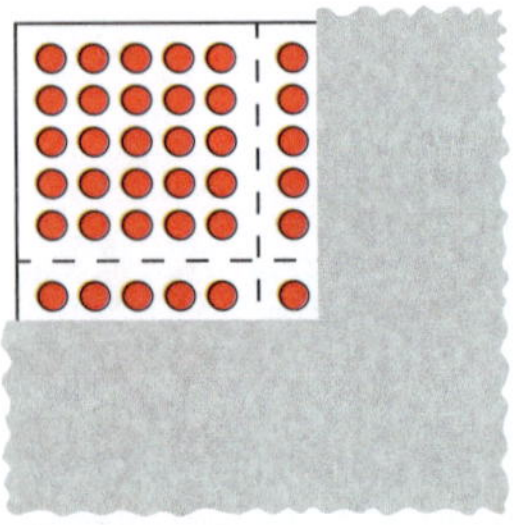

6 · 6 = ...

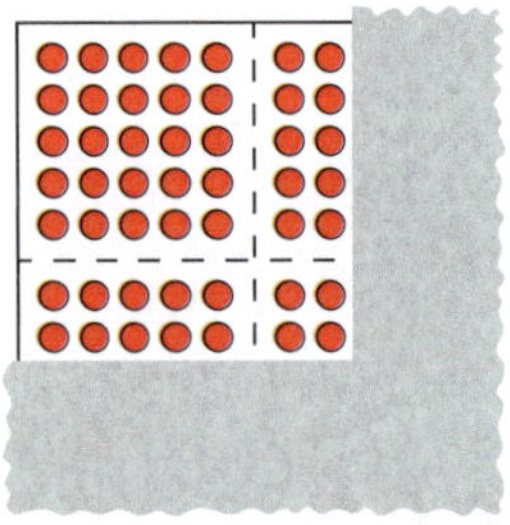

....

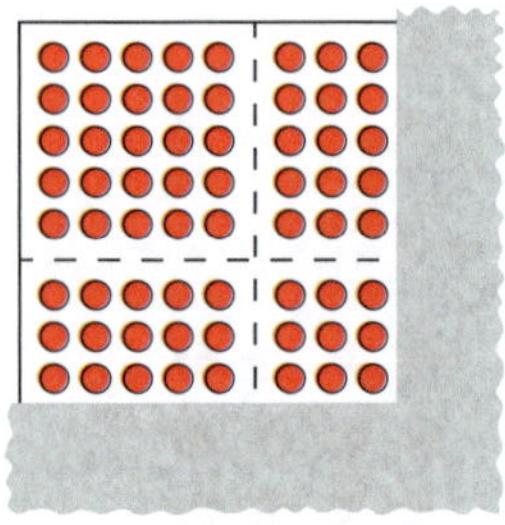

....

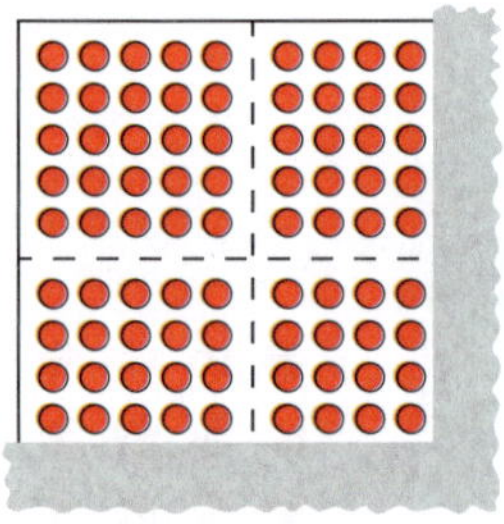

....

3 Rechne auch die Tauschaufgabe.

a) 2 · 9 = ...
   9 · 2 = ...

b) 6 · 2 = ...
   .... · .... = ...

c) 2 · 5 = ...
   .... · .... = ...

d) 2 · 3 = ...
   .... · .... = ...

4 5-mal ist die Hälfte von 10-mal.

10 · 2 = ...	10 · 4 = ...	10 · 8 = ...	10 · 7 = ...
5 · 2 = ...	5 · 4 = ...	5 · 8 = ...	5 · 7 = ...
10 · 3 = ...	10 · 6 = ...	10 · 9 = ...	10 · 5 = ...
5 · 3 = ...	5 · 6 = ...	5 · 9 = ...	5 · 5 = ...

5

1 · 6 = ...	1 · 7 = ...	1 · 9 = ...	1 · 8 = ...
2 · 6 = ...	2 · 7 = ...	2 · 9 = ...	2 · 8 = ...
5 · 6 = ...	5 · 7 = ...	5 · 9 = ...	5 · 8 = ...
10 · 6 = ...	10 · 7 = ...	10 · 9 = ...	10 · 8 = ...

6

5 · 4 = ...

7

4 · 6 = ...

→ Schülerbuch, Seiten 68/69

1 – 2 Ergebnisse der Malaufgaben aus dem Feld erschließen. **3** Aufgaben x · 2 aus den Verdopplungsaufgaben 2 · x erschließen. **4, 5** Malaufgaben aus Kernaufgaben berechnen. **6, 7** Malaufgaben in Sachsituationen erkennen und rechnen.

1 1-mal, 2-mal, 4-mal.

a) 1 · 2 = 2	b) 1 · 3 = 3	c) 1 · 4 = 4	d) 1 · 5 = 5
2 · 2 = ...	2 · 3 = ...	2 · 4 = ...	2 · 5 = ...
4 · 2 = ...	4 · 3 = ...	4 · 4 = ...	4 · 5 = ...
e) 1 · 6 = 6	f) 1 · 7 = 7	g) 1 · 8 = 8	h) 1 · 9 = 9
2 · 6 = ...	2 · 7 = ...	2 · 8 = ...	2 · 9 = ...
4 · 6 = ...	4 · 7 = ...	4 · 8 = ...	4 · 9 = ...

2 10-mal, 5-mal, 4-mal.

a) 10 · 2 = 20	b) 10 · 3 = 30	c) 10 · 4 = 40	d) 10 · 5 = 50
5 · 2 = ...	5 · 3 = ...	5 · 4 = ...	5 · 5 = ...
4 · 2 = ...	4 · 3 = ...	4 · 4 = ...	4 · 5 = ...
e) 10 · 6 = 60	f) 10 · 7 = 70	g) 10 · 8 = 80	h) 10 · 9 = 90
5 · 6 = ...	5 · 7 = ...	5 · 8 = ...	5 · 9 = ...
4 · 6 = ...	4 · 7 = ...	4 · 8 = ...	4 · 9 = ...

3 10-mal, 9-mal, 8-mal.

a) 10 · 2 = 20	b) 10 · 3 = 30	c) 10 · 4 = 40	d) 10 · 5 = 50
9 · 2 = ...	9 · 3 = ...	9 · 4 = ...	9 · 5 = ...
8 · 2 = ...	8 · 3 = ...	8 · 4 = ...	8 · 5 = ...
e) 10 · 6 = 60	f) 10 · 7 = 70	g) 10 · 8 = 80	h) 10 · 9 = 90
9 · 6 = ...	9 · 7 = ...	9 · 8 = ...	9 · 9 = ...
8 · 6 = ...	8 · 7 = ...	8 · 8 = ...	8 · 9 = ...

4 5-mal, 6-mal, 7-mal.

a) 5 · 2 = 10	b) 5 · 3 = 15	c) 5 · 4 = 20	d) 5 · 5 = 25
6 · 2 = ...	6 · 3 = ...	6 · 4 = ...	6 · 5 = ...
7 · 2 = ...	7 · 3 = ...	7 · 4 = ...	7 · 5 = ...
e) 5 · 6 = 30	f) 5 · 7 = 35	g) 5 · 8 = 40	h) 5 · 9 = 45
6 · 6 = ...	6 · 7 = ...	6 · 8 = ...	6 · 9 = ...
7 · 6 = ...	7 · 7 = ...	7 · 8 = ...	7 · 9 = ...

→ Schülerbuch, Seite 70

1 – 4 Aus den Kernaufgaben die übrigen Malaufgaben berechnen. ⚡ Blitzrechnen: Einmaleins. Zur Grundlegung und zum Üben aufgeklappte Umschlagseite benutzen.

1 Zeichne, wie die Tiere springen.

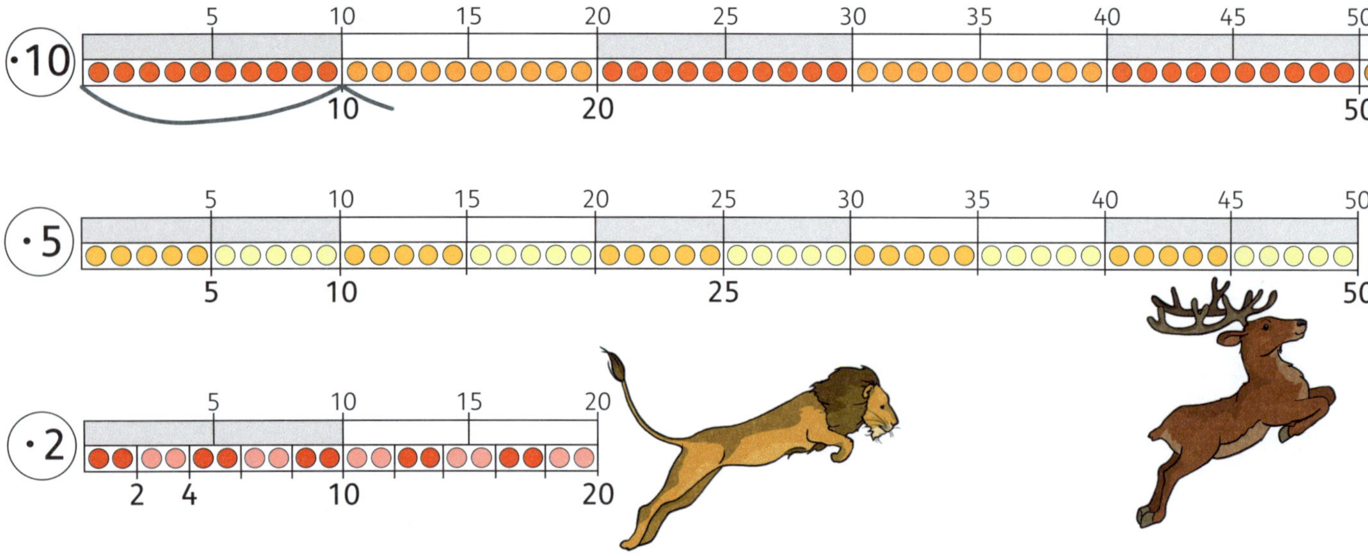

2 Der Springhase und der Hirsch landen bei 50.

Der Springhase braucht .... Sprünge, denn .... · 10 = 50.

Der Hirsch braucht .... Sprünge, denn .... · 5 = 50.

3 Der Springhase, der Hirsch und der Löwe landen bei 20.

Der Springhase braucht .... Sprünge, denn .... · 10 = 20.

Der Hirsch braucht .... Sprünge, denn .... · 5 = 20.

Der Löwe braucht .... Sprünge, denn .... · 2 = 20.

4

...1... Fahrrad	.... Fahrräder	.... Fahrräder
...2... Reifen	.... Reifen	.... Reifen

5

1 · 10 = ...	1 · 5 = ...	1 · 2 = ...
2 · 10 = ...	2 · 5 = ...	2 · 2 = ...
5 · 10 = ...	5 · 5 = ...	5 · 2 = ...
10 · 10 = ...	10 · 5 = ...	10 · 2 = ...

6

1 · 10 = ...	4 · 1 = ...
10 · 1 = ...	1 · 4 = ...
2 · 5 = ...	4 · 2 = ...
5 · 2 = ...	8 · 1 = ...

→ Schülerbuch, Seiten 72/73

1–6 Aufgaben zur 10er-, 5er- und 2er-Reihe. **4** Erkennen und Berechnen von Malaufgaben.
5, 6 Kernaufgaben rechnen.

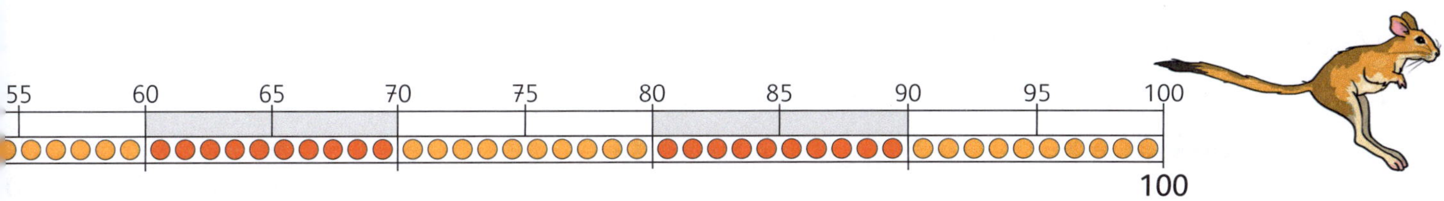

7 Wie viel Cent?

.... ct

.... ct

.... ct

.... ct

.... ct

.... ct

8 Wie viel Euro?

.... €

.... €

.... €

9 Ergänze die fehlenden Zahlen und bilde die Summe.

a)

1er-Reihe	1	2			5					10
2er-Reihe	2	4			10					20
Summe										

b)

2er-Reihe	2	4			10					20
5er-Reihe	5	10			25					
Summe										

c)

1er-Reihe	1	2								
.... er-Reihe										
Summe	6	12								60

→ Schülerbuch, Seiten 72/73

7–11 Aufgaben zur 10er-, 5er- und 2er-Reihe.

1 Zeichne, wie die Tiere springen.

·9
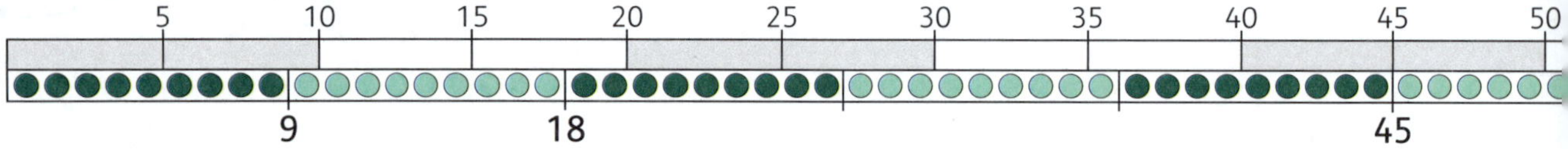

·6
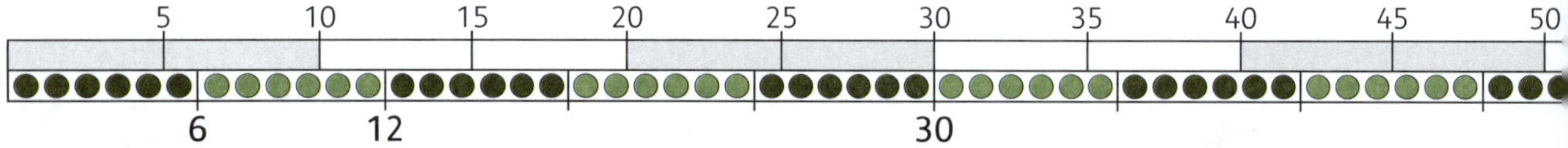

·3
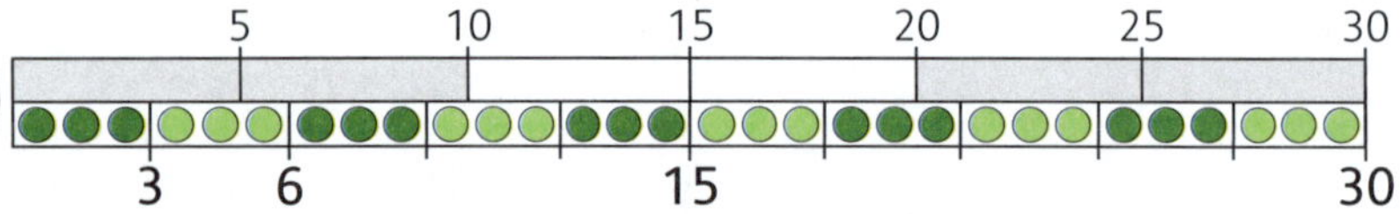

2 Der Ochsenfrosch und der Rennkuckuck landen bei 36.

Der Ochsenfrosch braucht .... Sprünge, denn .... · 9 = 36.

Der Rennkuckuck braucht .... Sprünge, denn .... · 6 = 36.

3 Der Ochsenfrosch, der Rennkuckuck und der Tiger landen bei 18.

Der Ochsenfrosch braucht .... Sprünge, denn .... · 9 = 18.

Der Rennkuckuck braucht .... Sprünge, denn .... · 6 = 18.

Der Tiger braucht .... Sprünge, denn .... · 3 = 18.

4

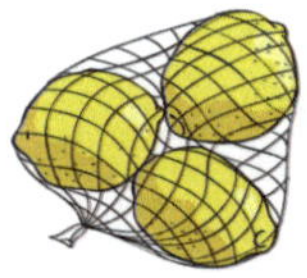

..1.. Netz

..3.. Zitronen

.... Netze

.... Zitronen

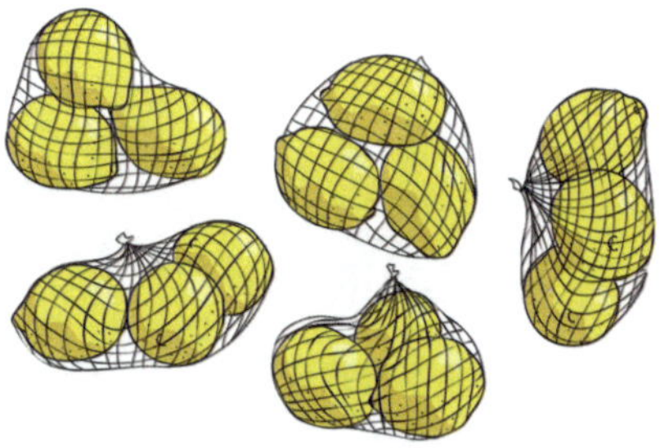

.... Netze

.... Zitronen

5

1 · 9 = ...	1 · 6 = ...	1 · 3 = ...
2 · 9 = ...	2 · 6 = ...	2 · 3 = ...
5 · 9 = ...	5 · 6 = ...	5 · 3 = ...
10 · 9 = ...	10 · 6 = ...	10 · 3 = ...

6

6 · 3 = ...	2 · 3 = ...
3 · 6 = ...	3 · 2 = ...
2 · 9 = ...	2 · 6 = ...
9 · 2 = ...	6 · 2 = ...

→ Schülerbuch, Seiten 74/75

1 – 6 Aufgaben zur 3er-, 6er- und 9er-Reihe. **4** Erkennen und Berechnen von Malaufgaben.
5, 6 Kernaufgaben rechnen.

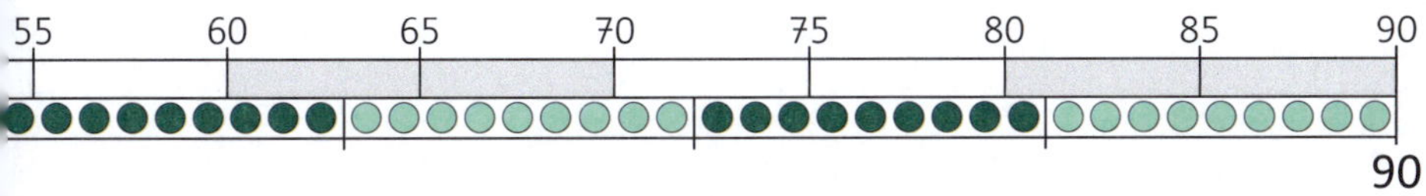

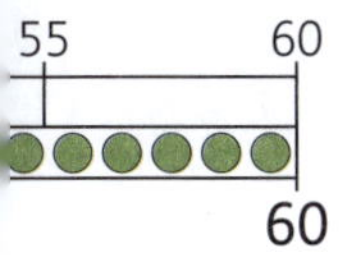

7

...1... Karton ...9... Kugeln .... Kartons .... Kugeln .... Kartons .... Kugeln

8

...1... Karton .... Eier .... Kartons .... Eier .... Kartons .... Eier

9 Ergänze die fehlenden Zahlen und bilde die Summe.

a)

2er-Reihe	2	4			10					20
6er-Reihe	6									
Summe	8									

b)

3er-Reihe	3	6			15					
5er-Reihe	5									
Summe	8									

c)

1er-Reihe	1	2								
.... er-Reihe										
Summe	10	20								

→ Schülerbuch, Seiten 74/75

7 – 9 Aufgaben zur 3er-, 6er- und 9er-Reihe.

1 Zeichne, wie die Tiere springen.

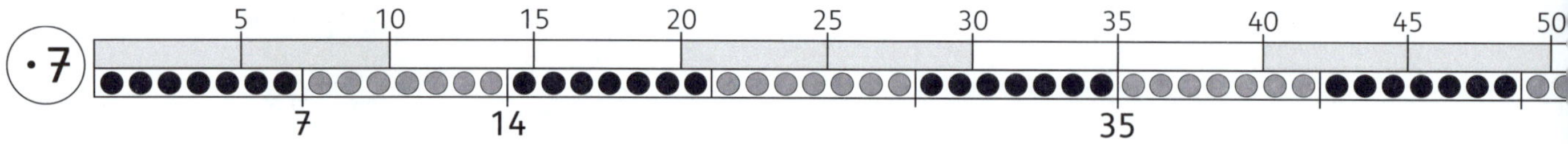

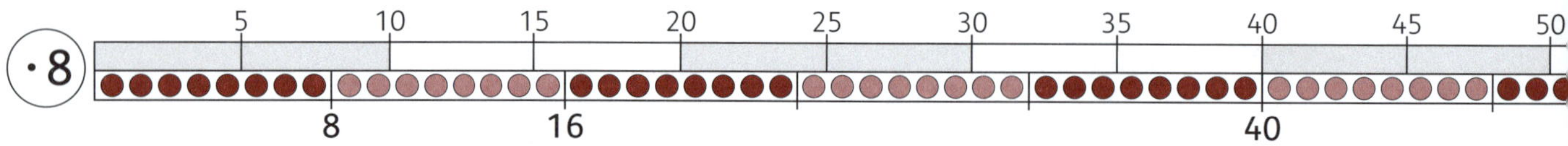

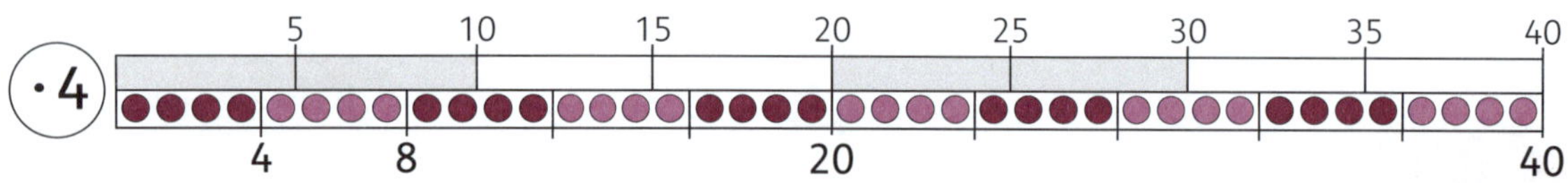

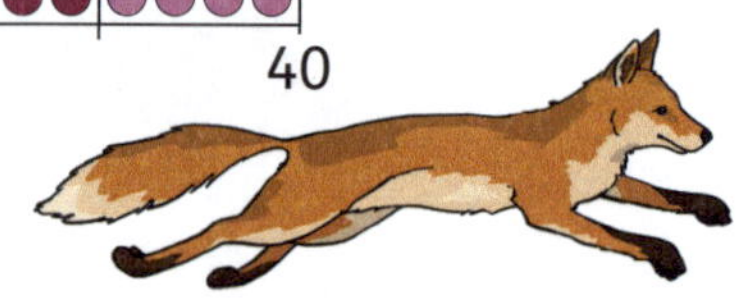

2 Das Känguru und die Waldmaus landen bei 56.

Das Känguru braucht .... Sprünge, denn .... · 7 = 56.

Der Waldmaus braucht .... Sprünge, denn .... · 8 = 56.

3 Die Waldmaus und der Fuchs landen bei 40.

Die Waldmaus braucht .... Sprünge, denn .... · 8 = 40.

Der Fuchs braucht .... Sprünge, denn .... · 4 = 40.

4

.... Auto

.... Räder

.... Autos

.... Räder

.... Autos

.... Räder

5

1 · 4 = ...	1 · 8 = ...	1 · 7 = ...
2 · 4 = ...	2 · 8 = ...	2 · 7 = ...
5 · 4 = ...	5 · 8 = ...	5 · 7 = ...
10 · 4 = ...	10 · 8 = ...	10 · 7 = ...

6

5 · 4 = ...	10 · 4 = ...
5 · 8 = ...	10 · 8 = ...
4 · 4 = ...	5 · 4 = ...
4 · 8 = ...	5 · 8 = ...

→ Schülerbuch, Seiten 76/77

1 – 6 Aufgaben zur 4er-, 7er- und 8er-Reihe. **4** Erkennen und Berechnen von Malaufgaben. **5, 6** Kernaufgaben rechnen.

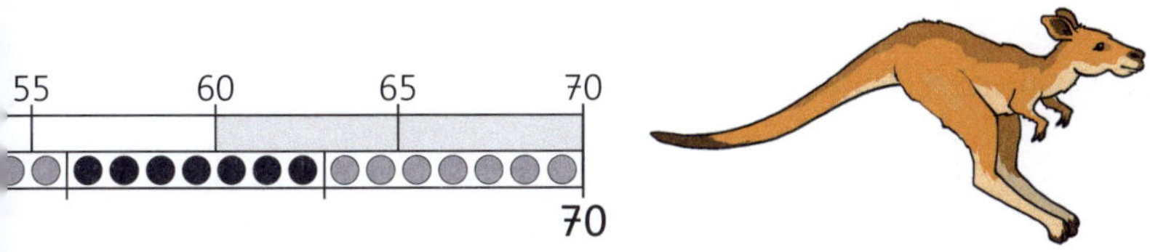

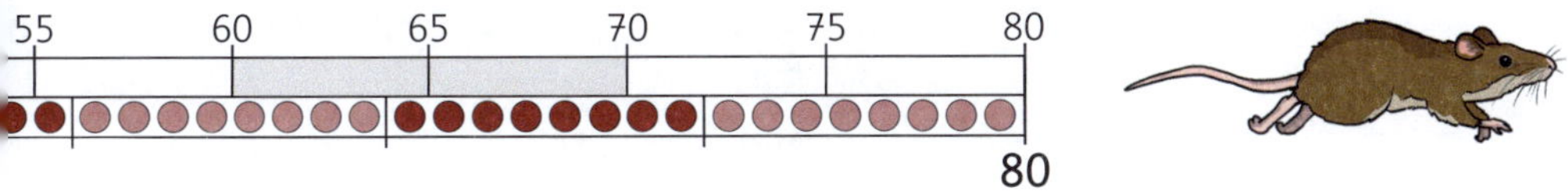

7

April 2013						
Mo	Di	Mi	Do	Fr	Sa	So
1	2	3	4	5	6	7
8	9	10	11	12	13	14
15	16	17	18	19	20	21
22	23	24	25	26	27	28
29	30					

1 Woche ....7.... Tage
2 Wochen .... Tage
3 Wochen .... Tage
4 Wochen .... Tage

8

.... Tisch .... Plätze   .... Tische .... Plätze   .... Tische .... Plätze

9 Ergänze die fehlenden Zahlen und bilde die Summe.

a)

.... er-Reihe					10					
.... er-Reihe										
Summe	10									

b)

.... er-Reihe										30
.... er-Reihe		14								
Summe	10									

c)

.... er-Reihe										40
.... er-Reihe										
Summe	9									

→ Schülerbuch, Seiten 76/77
7–**9** Aufgaben zur 4er-, 7er- und 8er-Reihe. **7**, **8** Erkennen und Berechnen von Malaufgaben.

Mit Geld rechnen

1 Schreibe die Rechnungen.

2 Jola und ihre zwei Freundinnen nehmen jede einen Eisbecher für 5,50 Euro. ?

....

....

3 Theo nimmt einen Schokobecher für 4,50 Euro und Oma ein Spagetti-Eis für 3,50 Euro. ?

....

....

4 Vier Nussbecher kosten zusammen 24 Euro. ?

.... Ein Nussbecher kostet .... Euro.

5 Wie kann Adam 5 Kugeln nehmen? Er mag nur Schokolade und Erdbeer.

→ Schülerbuch, Seite 80
1 – 4 Aufgaben zum Rechnen mit Geld. **2 – 4** Frage und Antwort notieren. **5** Verschiedene Kombinationsmöglichkeiten suchen.

6 Ali kauft:

2 Beutel Kartoffeln
1 Blumenkohl
2 Kilo Äpfel
3 Kilo Tomaten

6,00 €
2,00 €
4,00 €
9,00 €

.... €

7 Frau Klein kauft:

1 Blumenstrauß
2 Kilo Tomaten
1 Blumenkohl
2 Gurken

.... €
.... €
.... €
.... €

.... €

8 Familie Winter kauft:

3 Kilo Äpfel
4 x Salat
3 Kilo Kartoffeln
2 Kilo Tomaten
2 x Blumenkohl

.... €
.... €
.... €
.... €
.... €

.... €

9 Hannah kauft:

1 Blumenkohl
2 x Salat
1 Blumenstrauß
2 Gurken
1 Kilo Äpfel

.... €
.... €
.... €
.... €
.... €

.... €

10 Ich kaufe:

.... €

11 Opa kauft:

.... €

→ Schülerbuch, Seite 81

6 – 11 Aufgaben zum Rechnen mit Geld. **10, 11** Eigene Einkaufsliste erstellen und berechnen.

1

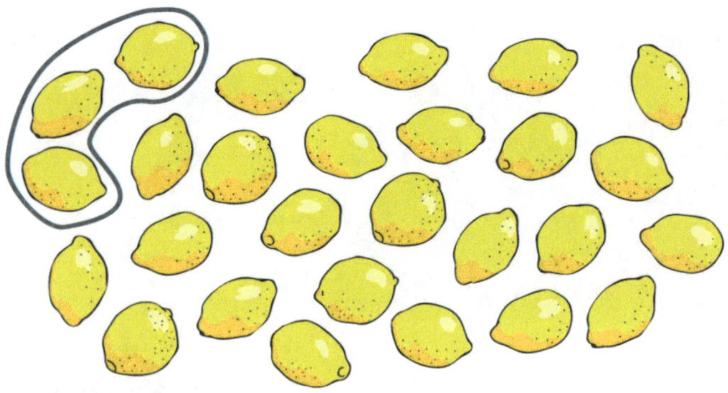

Immer 3 Zitronen in ein Netz.

27 : 3 = ...

Es werden .... Netze gefüllt.

2

Immer 4 Birnen in einer Packung.

20 : 4 = ...

Man erhält .... Packungen.

3

28 : 4 = ...

4

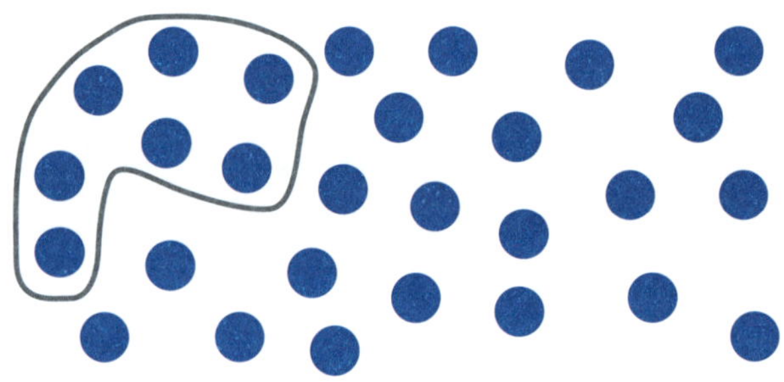

28 : 7 = ...

5

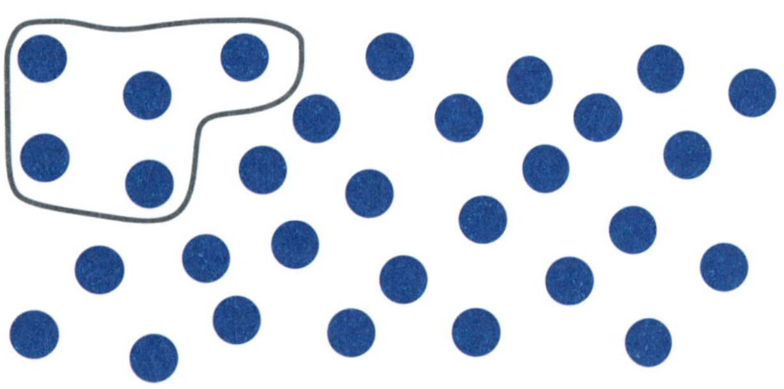

30 : 5 = ...

6

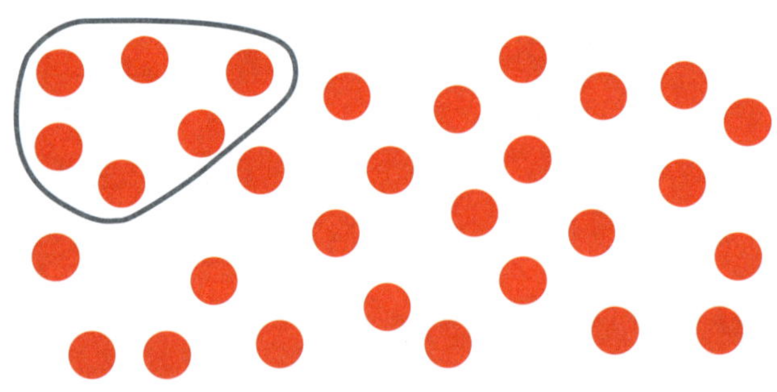

30 : 6 = ...

7 18 Büsche sollen gepflanzt werden.
Immer 3 Büsche auf ein Beet.

.... Beete werden bepflanzt.

8 16 Blumen sollen gepflanzt werden.
Immer 4 Blumen in einen Kasten.

.... Kästen werden bepflanzt.

→ Schülerbuch, Seite 82

1 – 8 Aufteilen von Mengen ohne Rest.

9

Verteile 12 Luftballons an 4 Kinder.

12 : 4 = ...

Jedes Kind erhält .... Luftballons.

10

Verteile 12 Luftballons an 3 Kinder.

12 : 3 = ...

Jedes Kind erhält .... Luftballons.

11

Verteile 12 Luftballons an 2 Kinder.

12 : 2 = ...

Jedes Kind erhält .... Luftballons.

12 Verteile 12 Luftballons auch an 6 und an 12 Kinder.

12 : 6 = ... 12 : 12 = ...

13

20 : 5 = ...	15 : 5 = ...	6 : 2 = ...	8 : 2 = ...	18 : 6 = ...
40 : 5 = ...	30 : 5 = ...	6 : 3 = ...	8 : 4 = ...	18 : 3 = ...
10 : 5 = ...	50 : 5 = ...	6 : 6 = ...	8 : 8 = ...	18 : 2 = ...
5 : 5 = ...	25 : 5 = ...	6 : 1 = ...	8 : 1 = ...	18 : 9 = ...

14 24 Euro werden an 3 Personen verteilt.
Jeder bekommt .... Euro.

15 24 Euro werden an 4 Personen verteilt.
Jeder bekommt .... Euro.

→ Schülerbuch, Seite 83

9 – 15 Verteilen von Mengen ohne Rest.

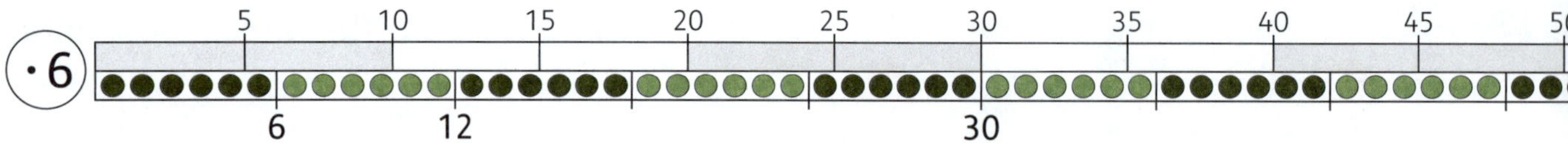

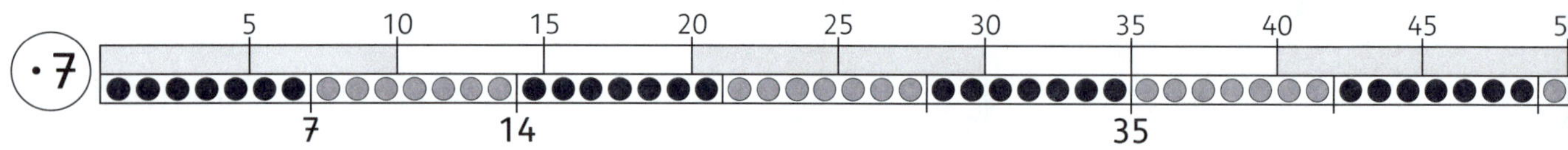

1 Der Rennkuckuck springt auf 60, 30, 12.
Wie oft ist er gesprungen?

60 : 6 = ..., denn ...... · 6 = 60
30 : 6 = ..., denn ...... · 6 = 30
12 : 6 = ..., denn ...... · 6 = 12

2 Das Känguru springt auf 70, 35, 14.
Wie oft ist es gesprungen?

70 : 7 = ..., denn ...... · 7 = 70
35 : 7 = ..., denn ...... · 7 = 35
14 : 7 = ..., denn ...... · 7 = 14

3

30 : 6 = 5
36 : 6 = ...

60 : 6 = 10
54 : 6 = ...

30 : 6 = ...
24 : 6 = ...

60 : 6 = ...
48 : 6 = ...

30 : 6 = ...
42 : 6 = ...

12 : 6 = ...
18 : 6 = ...

4

35 : 7 = 5
42 : 7 = ...

70 : 7 = ...
63 : 7 = ...

35 : 7 = ...
28 : 7 = ...

70 : 7 = ...
56 : 7 = ...

35 : 7 = ...
49 : 7 = ...

14 : 7 = ...
21 : 7 = ...

5 Der Rennkuckuck springt.
Starte mit den einfachen Aufgaben.

60 : 6 = ...
54 : 6 = ...
48 : 6 = ...
42 : 6 = ...
36 : 6 = ...

30 : 6 = ...
24 : 6 = ...
18 : 6 = ...
12 : 6 = ...
6 : 6 = ...

6 Das Känguru springt.
Starte mit den einfachen Aufgaben.

70 : 7 = ...
63 : 7 = ...
56 : 7 = ...
49 : 7 = ...
42 : 7 = ...

35 : 7 = ...
28 : 7 = ...
21 : 7 = ...
14 : 7 = ...
7 : 7 = ...

7 In einer Kabine haben immer 6 Personen Platz.
30 Personen möchten fahren. ?

....

....

→ Schülerbuch, Seite 84

1 – 6 Teilen mithilfe des Einmaleins-Plans. **7** Eine passende Frage überlegen und beantworten.

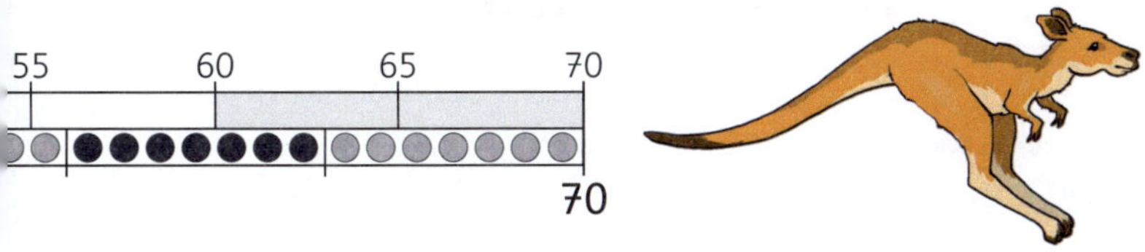

1 Starte immer mit einer einfachen Aufgabe.

2 Rechne aus.

a)

·	7	4	
5	35	20	
		40	60
			12

b)

·	4		
	8		
		30	
10	40	60	80

c)

·	5	7	9
	25		
	35		
	45		

3 Hüpf im Päckchen! Rechne immer mit dem Ergebnis weiter.

a)
3 · 4 = ...
18 : 9 = ...
6 · 3 = ...
12 : 2 = ...
2 · 2 = ...
4 : 4 = ...
Ziel 1

b)
35 : 7 = ...
8 · 3 = ...
5 · 8 = ...
24 : 4 = ...
6 · 2 = ...
40 : 5 = ...
Ziel 12

c)
10 · 3 = ...
24 : 3 = ...
40 : 4 = ...
8 · 5 = ...
30 : 5 = ...
6 · 4 = ...
Ziel 10

d)
45 : 9 = ...
10 · 2 = ...
30 : 3 = ...
4 · 10 = ...
5 · 6 = ...
20 : 5 = ...
Ziel 40

→ Schülerbuch, Seite 85

1 Von einfachen zu schwierigen Aufgaben. Division als Umkehrung der Multiplikation. **2** Tabellen (Tabula rasa) durch Multiplikation und Division lösen. **3** Gemischte Multiplikations- und Divisionsaufgaben.

1 Schreibe immer vier Aufgaben.

a) 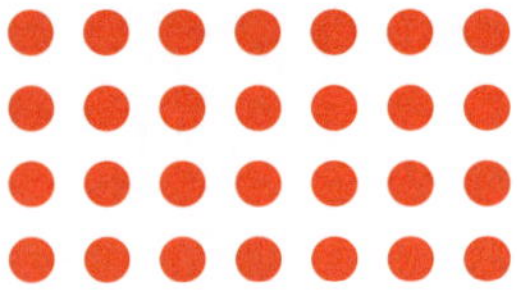

4 · 7 = ...

....

....

....

b) 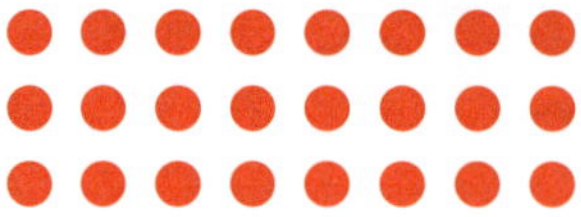

....

....

....

....

2 Rechne die Tauschaufgaben und die Umkehraufgaben.

a) 8 · 9 = ...
9 · 8 = ...
72 : 9 = ...
....

b) 5 · 8 = ...
....
....
....

c) 3 · 7 = ...
....
....
....

d) 7 · 9 = ...
....
....
....

3 Leite die Ergebnisse aus Malaufgaben ab.

35 : 7	5 · 7 = 35, also 35 : 7 = 5
64 : 8	....
18 : 3	....
24 : 6	....
24 : 8	....
42 : 6	....

4 Im Cafe stehen 9 kleine Tische.
An jedem Tisch stehen 3 Stühle.

Zusammen sind es .... Stühle.

5 6 Kinder kaufen zusammen ein Geschenk. Es kostet 18 Euro.

Jedes Kind muss .... Euro bezahlen.

6 Oma kocht für 3 Erwachsene und 2 Kinder.
Für jeden Erwachsenen schält sie 4 Kartoffeln, für jedes Kind schält sie 3 Kartoffeln.

Zusammen schält sie .... Kartoffeln.

7 Am Großflughafen kann alle 5 Minuten ein Flugzeug starten. Wie viele Flugzeuge sind in einer Stunde möglich?

In einer Stunde können .... Flugzeuge starten.

→ Schülerbuch, Seite 86

1 Felder als Mal- und Geteiltaufgaben deuten. **3** Geteiltaufgaben aus Malaufgaben ableiten. **4–7** Sachaufgaben.

1 Ein neuer Zehner oder nicht?

a) 

53 + 34 = ...

b) 

33 + 54 = ...

c) 

56 + 25 = ...

d) 

55 + 26 = ...

2 Schreibe deinen Rechenweg auf.

48 + 28 = ... 67 + 29 = ... 53 + 38 = ... 66 + 19 = ...

65 + 28 = ... 54 + 28 = ... 58 + 24 = ... 39 + 46 = ...

3

a)	b)	c)	d)
18 + 27 = ...	10 + 4 = ...	36 + 24 = ...	47 + 8 = ...
30 + 24 = ...	14 + 11 = ...	36 + 42 = ...	48 + 17 = ...
42 + 21 = ...	25 + 18 = ...	63 + 24 = ...	39 + 26 = ...
54 + 18 = ...	43 + 25 = ...	64 + 23 = ...	25 + 35 = ...
66 + 15 = ...	67 + 33 = ...	64 + 32 = ...	16 + 44 = ...

4

a)	b)	c)	d)
56 + 28 = ...	62 + 37 = ...	54 + 26 = ...	38 + 54 = ...
49 + 35 = ...	63 + 27 = ...	55 + 28 = ...	47 + 45 = ...
49 + 42 = ...	36 + 27 = ...	56 + 30 = ...	56 + 36 = ...
63 + 28 = ...	32 + 67 = ...	57 + 32 = ...	65 + 27 = ...
63 + 35 = ...	26 + 37 = ...	.... + ... = ...	.... + ... = ...

5 Immer + ...

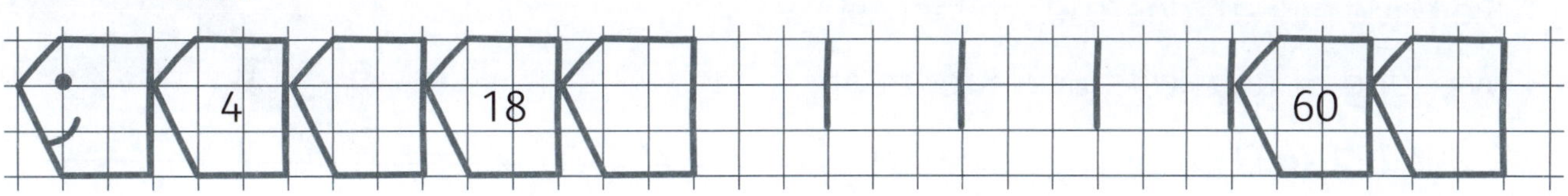

→ Schülerbuch, Seiten 90/91

1–**4** Additionsaufgaben auf eigenen Wegen rechnen. Überlegen, wann ein neuer Zehner entsteht. **5** Zahlenraupe erschließen.

1 Zehner anknabbern oder nicht?

a) 

49 – 25 = ...

b) 

45 – 26 = ...

c) 

34 – 26 = ...

d) 

67 – 24 = ...

e) 

64 – 27 = ...

f) 

51 – 43 = ...

2 Schreibe deinen Rechenweg auf.

73 – 49 = ...   72 – 49 = ...   74 – 51 = ...   88 – 19 = ...

46 – 27 = ...   47 – 29 = ...   48 – 31 = ...   53 – 25 = ...

3

a)	b)	c)	d)
51 – 6 = ...	84 – 40 = ...	54 – 36 = ...	96 – 7 = ...
61 – 16 = ...	84 – 42 = ...	65 – 47 = ...	95 – 17 = ...
71 – 26 = ...	84 – 44 = ...	76 – 58 = ...	94 – 27 = ...
81 – 36 = ...	84 – 46 = ...	87 – 69 = ...	93 – 37 = ...
96 – 51 = ...	84 – 48 = ...	98 – 80 = ...	.... – .... = ...

4 Immer + ...

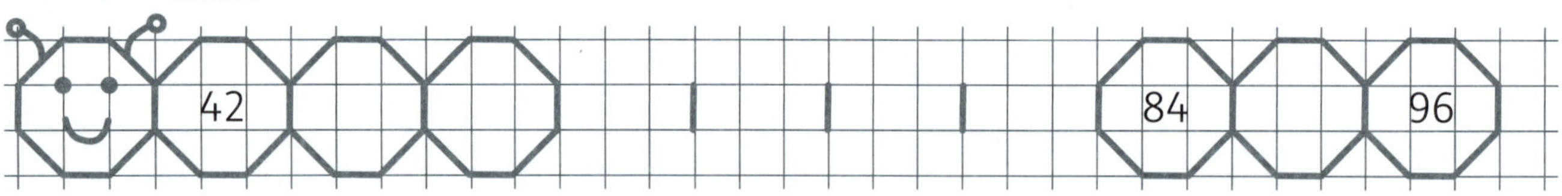

5 Die Schreinerin benötigt ein Brett von 76 cm Länge.
Sie hat ein Brett, das 100 cm lang ist.
Wie lang ist das Reststück? Kreuze an:

◯ genau 24 cm   ◯ etwas weniger als 24 cm

→ Schülerbuch, Seiten 92/93

1–3 Subtraktionsaufgaben auf eigenen Wegen rechnen. **4** Zahlenraupe mithilfe der Subtraktion erschließen.
5 Minusaufgabe erkennen und rechnen, zutreffende Aussage ankreuzen.

1 a)

25		
	12	
		5

b)

50		
26		
12		

c)

75		
	36	
	21	

d)

100		
	48	
24		

2 a)

100			
	52		
	25		
		13	

b)

100			
42			
23			
12			

c)

98			
	42		
	24		
	13		

3 a)

40		
16		14

b)

60		
16		14

c)

60		
26		24

d)

80		
26		24

4 a)

100		
47		43

b)

100		
37		33

c)

100		
27		23

d)

100		
17		13

5 Trage jeweils zehn Zahlen passend in eine Zahlenmauer ein.

a) 21, 24, 11, 20, 13, 45, 100, 55, 31, 8

b) 17, 18, 37, 48, 11, 6, 12, 100, 35, 65

6 Schöne Päckchen. Setze fort.

a)
34 + 11 = ……
33 + 22 = ……
32 + 33 = ……
31 + 44 = ……
…… + …… = ……
…… + …… = ……
…… + …… = ……

b)
45 – 11 = ……
55 – 22 = ……
65 – 33 = ……
75 – 44 = ……
…… – …… = ……
…… – …… = ……
…… – …… = ……

c)
72 + 16 = ……
60 + 17 = ……
48 + 18 = ……
36 + 19 = ……
24 + 20 = ……
…… + …… = ……
…… + …… = ……

d)
77 – 72 = ……
66 – 60 = ……
55 – 48 = ……
44 – 36 = ……
…… – …… = ……
…… – …… = ……
…… – …… = ……

1

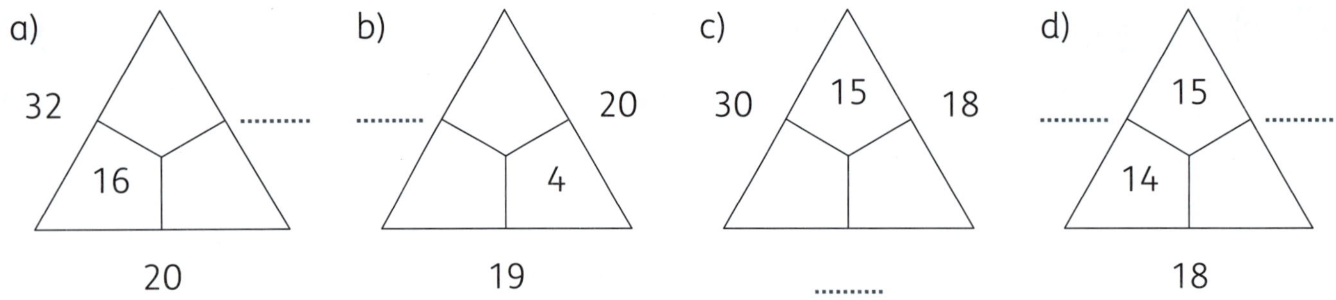

2

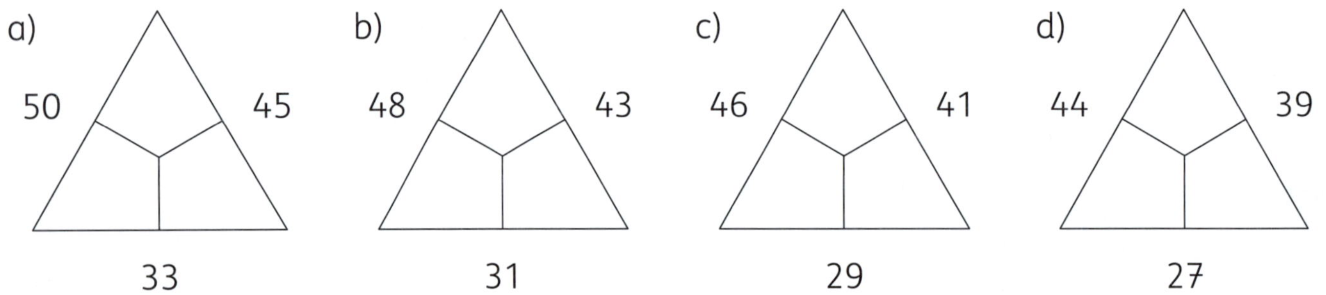

3

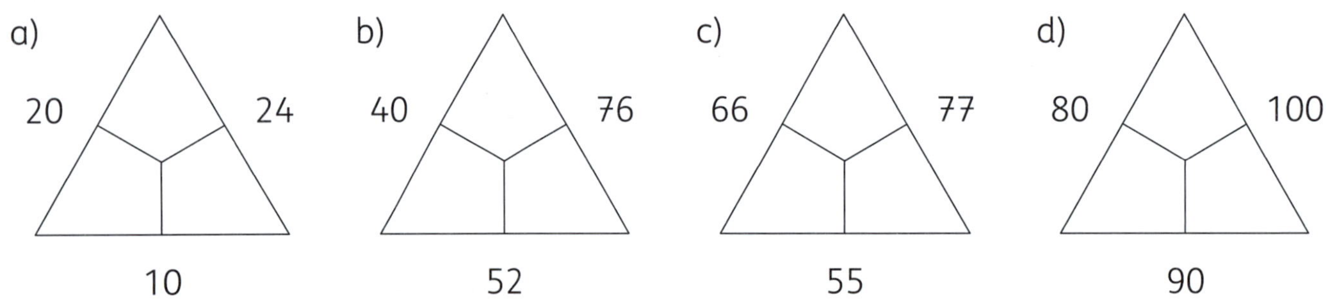

4 Trage die Zahlen passend ein.

a) 63, 53, 44,
36, 27, 17

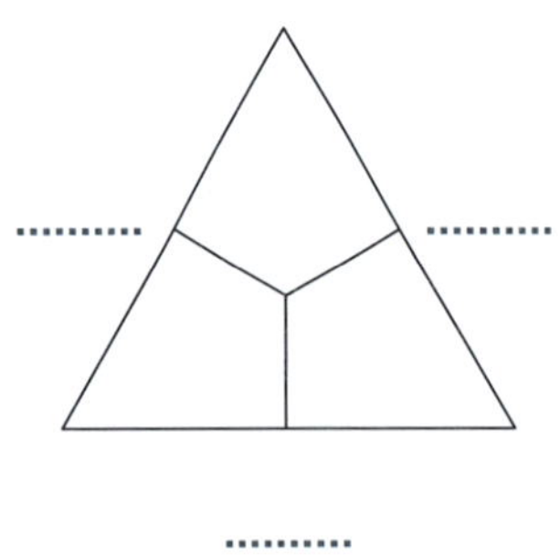

b) 74, 63, 48,
41, 26, 15

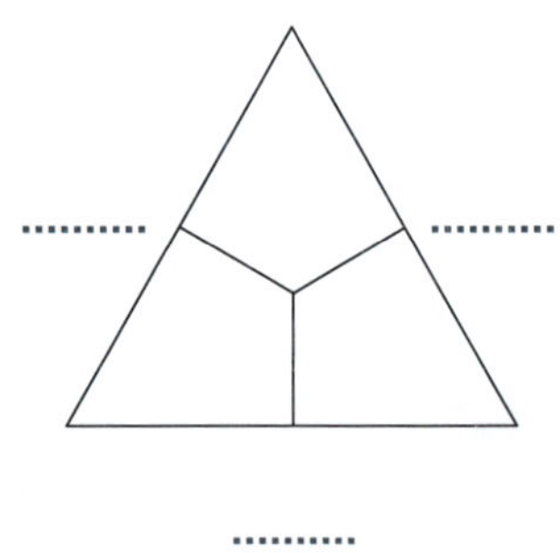

5 Schöne Päckchen. Setze fort.

a) 16 + 8 = ...
24 + 8 = ...
32 + 8 = ...
..... + ... = ...
..... + ... = ...

b) 27 + 9 = ...
36 + 9 = ...
45 + 9 = ...
..... + ... = ...
..... + ... = ...

c) 80 − 8 = ...
72 − 8 = ...
64 − 8 = ...
..... − ..... = ...
..... − ..... = ...

d) 81 − 9 = ...
72 − 9 = ...
63 − 9 = ...
..... − ..... = ...
..... − ..... = ...

→ Schülerbuch, Seite 95

2–4 Rechendreiecke probierend lösen und vergleichen. **4** Rechendreiecke aus vorgegebenen Zahlen zusammensetzen. Verschiedene Lösungen vergleichen. **5** Päckchen rechnen, Muster erkennen und fortsetzen, evtl. begründen.

1

Eine Fahrt mit der S-Bahn kostet 3 Euro.
Eine Vierer-Karte kostet 10 Euro. Vergleiche.

....

2 Ein Schulgarten ist 20 m lang und 11 m breit.
Er soll eingezäunt werden. Wie viele m Zaun braucht man?
Zeichne eine Skizze und rechne.

....

3 a) Joshua möchte um 10.30 Uhr am Hallenbad sein.
Wann fährt sein Bus am Bahnhof ab?

....

Wann kommt er am Hallenbad an?

....

Busfahrplan Linie 5
montags – freitags

Bahnhof	9.03	10.03
Post	9.08	10.08
Marktplatz	9.14	10.14
Hallenbad	9.21	10.21
Stadion	9.25	10.25

b) Der Bus braucht vom Bahnhof zum Hallenbad .... Minuten.

c) Von der Post zum Stadion braucht der Bus .... Minuten.

4 Lukas und Ali gehen eine Woche lang angeln.
Lukas fängt jeden Tag 3 Fische.
Ali fängt am 1. Tag 1 Fisch, am 2. Tag 2 Fische,
am 3. Tag 3 Fische, ..., am 7. Tag 7 Fische.

a) Trage in die Tabelle ein.

	1. Tag	2. Tag	3. Tag	4. Tag	5. Tag	6. Tag	7. Tag	insgesamt
Lukas	3	3						
Ali	1	2						

b) Wer hat insgesamt mehr Fische gefangen?

....

c) Nach wie vielen Tagen hatten beide gleich viele Fische?

....

→ Schülerbuch, Seite 97
1 – 4 Sachaufgaben mithilfe von Tabellen oder Skizzen lösen.

1

Preis:	gegeben:	zurück:
 58 Cent		.... Cent

2

Preis:	gegeben:	zurück:
 8 Euro / 3 Euro		.... Euro

3

1 Riegel kostet 20 Cent.

4 Riegel kosten .... Cent.

4

4 Kiwis kosten 1 Euro.

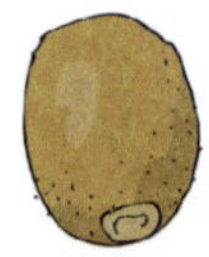

1 Kiwi kostet .... Cent.

5

4 April	18 April
erster Tag	letzter Tag

Die Ferien dauern .... Tage.

6

30 April	
heute	10 Tage später

7

Ein Igel ist etwa 30 cm lang.
Ein Maulwurf misst nur die Hälfte.

Ein Maulwurf ist .... cm lang.

8

Mia wirft den Ball 24 m weit.
Finn wirft 6 m kürzer.

Finn wirft .... m.

→ Schülerbuch, Seite 98
Grundlegung Sachrechnen im Kopf 1/2 Basiskurs Größen.

9 Wie viel Euro?

a)

.... Euro

b)

.... Euro

c)

.... Euro

10 a)

1 €	
98 ct +	ct
47 ct +	ct
64 ct +	ct
52 ct +	ct
80 ct +	ct
14 ct +	ct

b)

1 €	
2 mal	ct
4 mal	ct
5 mal	ct
10 mal	ct
20 mal	ct
50 mal	ct

11 a)

1 h	
2 mal	min
3 mal	min
4 mal	min
5 mal	min
6 mal	min
10 mal	min

b)

1 h	
58 min +	min
47 min +	min
33 min +	min
55 min +	min
45 min +	min
20 min +	min

12 Wie viel Cent?

2 ct weniger als 1 €: ....

20 ct weniger als 1 €: ....

50 ct weniger als 1 €: ....

5 ct weniger als 1 €: ....

11 ct weniger als 1 €: ....

23 ct weniger als 1 €: ....

13 Wie viele Minuten?

2 min weniger als 1 h: ....

20 min weniger als 1 h: ....

50 min weniger als 1 h: ....

5 min weniger als 1 h: ....

10 min mehr als 1 h: ....

40 min mehr als 1 h: ....

14 Auf einem Stadtteilfest werden Riesenbratwürste von 80 cm Länge verkauft.
Wie viel fehlt zu 1 m?

15 Im Erlebnispark gibt es eine Riesenrutsche von 88 m Länge.
Wie viel fehlt zu 100 m?

16 Ein Theaterstück dauert 50 min.
Wie viel fehlt zu 1 h?

17 Im Sonderangebot kosten 4 Becher Joghurt 98 ct.
Wie viel fehlt zu 1 €?

→ Schülerbuch, Seite 99

1 Rechne und vergleiche.

a)

$8 \cdot 1 =$ .... $9 \cdot 2 =$ ....

....

$7 \cdot 2 =$ .... $8 \cdot 3 =$ ....

....

$6 \cdot 3 =$ ....

....

$5 \cdot 4 =$ ....

b)

$8 \cdot 2 =$ .... $9 \cdot 3 =$ ....

....

$7 \cdot 3 =$ ....

....

$6 \cdot 4 =$ ....

....

$5 \cdot 5 =$ ....

c)

$9 \cdot 3 =$ ....

$9 \cdot 4 =$ ....

$8 \cdot 4 =$ ....

$8 \cdot 5 =$ ....

$7 \cdot 5 =$ ....

$7 \cdot 6 =$ ....

$6 \cdot 6 =$ ....

2

$4 \cdot 5 =$ .... $5 \cdot 6 =$ .... $6 \cdot 7 =$ ....

....

$3 \cdot 6 =$ .... $4 \cdot 7 =$ .... $5 \cdot 8 =$ ....

3 Suche in der Einmaleins-Tafel Aufgaben mit gleichem Ergebnis.

12	18	20	24	30	36
2 · 6	2 ·				
3 · 4	3 ·				

4 Rechne und vergleiche.

$8 \cdot 3 =$ .... $8 \cdot 6 =$ .... $8 \cdot 9 =$ .... $8 \cdot 8 =$ .... $8 \cdot 7 =$ ....

$4 \cdot 3 =$ .... $4 \cdot 6 =$ .... $4 \cdot 9 =$ .... $4 \cdot 8 =$ .... $4 \cdot 7 =$ ....

$2 \cdot 3 =$ .... $2 \cdot 6 =$ .... $2 \cdot 9 =$ .... $2 \cdot 8 =$ .... $2 \cdot 7 =$ ....

5 $3 \cdot 3 =$ .... $3 \cdot 6 =$ .... $3 \cdot 9 =$ .... $3 \cdot 8 =$ .... $3 \cdot 7 =$ ....

$6 \cdot 3 =$ .... $6 \cdot 6 =$ .... $6 \cdot 9 =$ .... $6 \cdot 8 =$ .... $6 \cdot 7 =$ ....

→ Schülerbuch, Seiten 100/101

1 – 5 Aufgaben mithilfe der Einmaleins-Tafel rechnen. Muster erkennen. ⚡ Blitzrechnen: Einmaleins.
Zur Grundlegung und zum Üben aufgeklappte Umschlagseite benutzen.

1

Fahrpreise

Erwachsene

	Normal	2.00 €
	5 Fahrten	9.00 €

Kinder

	Normal	1.00 €
	5 Fahrten	4.00 €

Berechne die Fahrpreise.

	4 €		....
	....		....
	....		....
	....		....

2

Fahrpreis:	gegeben:	zurück:
6.00		4 €
8.00		
4.00		
7.00		

Fahrpreis:	gegeben:	zurück:
9.00		41 €
13.00		
13.00		
9.50		

3

P Parkhaus Zentrum	
Erste Stunde	2 €
Jede weitere Stunde	1 €
Tagesgebühr	9 €

P Parkhaus Am Wall	
Bis 2 Stunden	4 €
Jede weitere Stunde	1 €
Tagesgebühr	8 €

Berechne die Parkgebühren und vergleiche.

	1 h	2 h	3 h	4 h	5 h	6 h	7 h	8 h
Zentrum	2 €							
Am Wall	4 €							

4 Die Tageskarte im Verkehrsverbund kostet 8 Euro.
Herr Raman führt in den Automaten einen 20 €-Schein ein.
Der Automat muss .... € zurückgeben.

→ Schülerbuch, Seite 108

1 – 3 Aufgaben zu Gebühren mithilfe von Tabellen lösen. **4** Sachaufgabe lösen.

Zahlenmuster, Gerade und ungerade Zahlen

1 Vergleiche immer die Aufgabenpaare. Was fällt dir auf?

a)

28 + 17 = ...	39 + 44 = ...	67 + 17 = ...	53 + 38 = ...
30 + 15 = ...	40 + 43 = ...	70 + 14 = ...	50 + 41 = ...

b)

19 + 14 = ...	22 + 38 = ...	69 + 16 = ...	45 + 36 = ...
20 + 13 = ...	20 + 40 = ...	70 + 15 = ...	40 + 41 = ...

2 Welche Zahlen fehlen? Überlege, ohne zu rechnen.

a) 37 + 18 = 40 + ...
19 + 17 = 18 + ...

b) 19 + 43 = ... + 40
36 + 41 = ... + 40

c) 28 + 37 = ... + 28
26 + 38 = ... + 40

3 Vergleiche ebenso.

a)

63 – 38 = ...	48 – 19 = ...	44 – 16 = ...	72 – 23 = ...
60 – 35 = ...	49 – 20 = ...	48 – 20 = ...	69 – 20 = ...

b)

61 – 47 = ...	57 – 38 = ...	37 – 8 = ...	86 – 27 = ...
64 – 50 = ...	59 – 40 = ...	40 – 11 = ...	89 – 30 = ...

4 Zerlege in gleiche oder fast gleiche Zahlen.

70 = 35 + 35	50 = ... + ...	70 = ... + ...	90 = ... + ...
6 = 3 + 3	8 = ... + ...	4 = ... + ...	6 = ... + ...
76 = ... + ...	58 = ... + ...	74 = ... + ...	96 = ... + ...
60 = 30 + 30	80 = ... + ...	40 = ... + ...	70 = ... + ...
7 = ... + ...	5 = ... + ...	7 = ... + ...	5 = ... + ...
67 = ... + ...	85 = ... + ...	47 = ... + ...	75 = ... + ...

5 Zerlege ebenso. Kreise die geraden Zahlen rot, die ungeraden blau ein.

62 = 31 + 31	80 = ... + ...	30 = ... + ...	59 = ... + ...
63 = 32 + 31	82 = ... + ...	40 = ... + ...	57 = ... + ...
64 = ... + ...	84 = ... + ...	50 = ... + ...	55 = ... + ...
65 = ... + ...	86 = ... + ...	60 = ... + ...	53 = ... + ...
66 = ... + ...	88 = ... + ...	70 = ... + ...	51 = ... + ...

→ Schülerbuch, Seiten 112–115

1 – 3 Aufgaben zueinander in Beziehung setzen und die Beziehungen beim Rechnen nutzen. **4, 5** Zahlen halbieren oder fast halbieren.

1

...12.00... Uhr	.... Uhr	.... Uhr	.... Uhr	.... Uhr
...24.00... Uhr	.... Uhr	.... Uhr	.... Uhr	.... Uhr

2 Zeichne die Stundenzeiger rot ein.

7:00 17:00 9:00 19:00 3:00

5:00 15:00 1:00 11:00 21:00

3

Wie viele Stunden ist das Bad geöffnet?

am Montag .... Stunden
am Donnerstag .... Stunden
am Freitag .... Stunden
am Samstag .... Stunden
am Sonntag .... Stunden

4 Es ist jetzt 11 Uhr.

a) Wie spät ist es

in 1 Stunde? .... Uhr
in 2 Stunden? .... Uhr
in 10 Stunden? .... Uhr
in 12 Stunden? .... Uhr

b) Wie spät war es

vor 1 Stunde? .... Uhr
vor 2 Stunden? .... Uhr
vor 10 Stunden? .... Uhr

vor 12 Stunden? .... Uhr

→ Schülerbuch, Seiten 122/123
1, 2 Uhrzeiten ablesen und evtl. auf Lernuhr einstellen. **3, 4** Rechnen mit Stunden.

1

a) 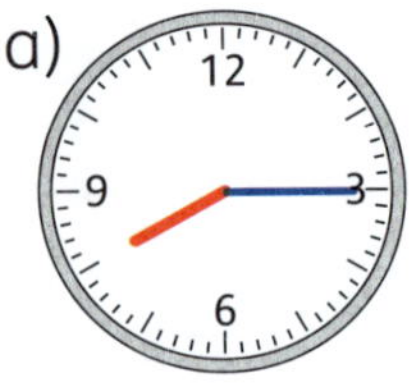

b) 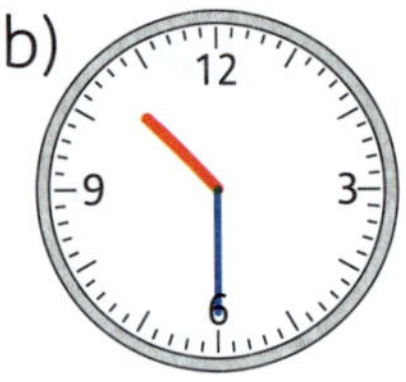

c) 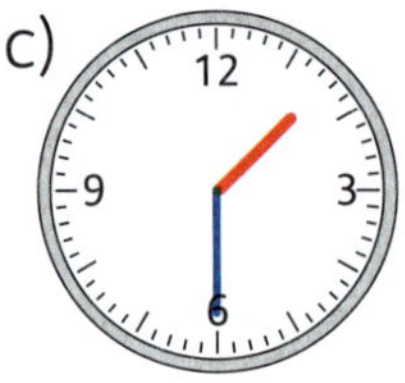

d) 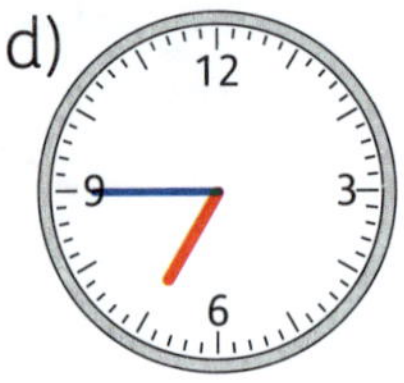

e) 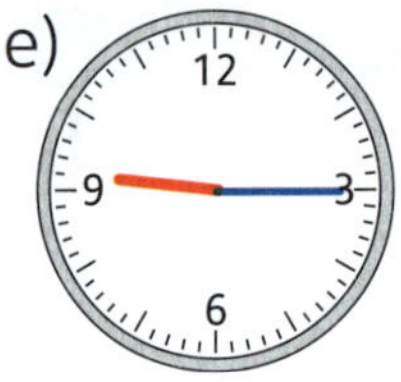

a)	b)	c)	d)	e)
8.15 Uhr	...... Uhr	...... Uhr	...... Uhr	...... Uhr
20.15 Uhr	...... Uhr	...... Uhr	...... Uhr	...... Uhr

2

a) 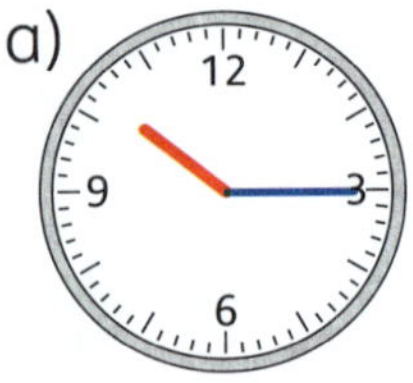

b) 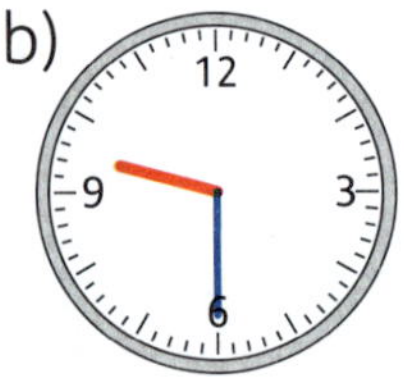

c) 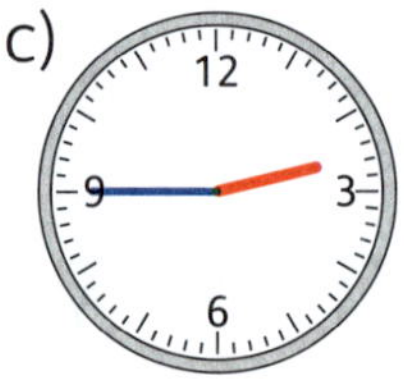

d) 

e) 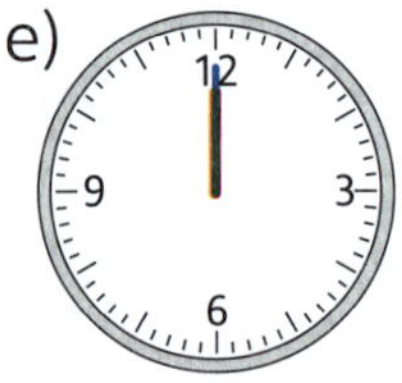

a)	b)	c)	d)	e)
10.15 Uhr	...... Uhr	...... Uhr	...... Uhr	...... Uhr
22.15 Uhr	...... Uhr	...... Uhr	...... Uhr	...... Uhr

3 Immer 6 Stunden später.

a) 1 Uhr	b) 8 Uhr	c) 4 Uhr	d) 12 Uhr	e) 2 Uhr	f) 10 Uhr
7 Uhr	...... Uhr	...... Uhr	...... Uhr	...... Uhr	...... Uhr

4 Immer 6 Stunden früher.

a) 8 Uhr	b) 16 Uhr	c) 12 Uhr	d) 20 Uhr	e) 10 Uhr	f) 18 Uhr
2 Uhr	...... Uhr	...... Uhr	...... Uhr	...... Uhr	...... Uhr

5 Zeige an der Uhr.

a) Immer 10 min weiter.

10 min, 20 min, ... min, ... min, ... min, 60 min (= 1 Stunde)

b) Immer 5 min weiter.

5 min, 10 min, ... min, ... min, ... min, 30 min (= 1 halbe Stunde)

c) Immer 15 min weiter.

15 min, ... min, ... min, ... min (= 1 Stunde)

→ Schülerbuch, Seiten 122/123

1, 2 Uhrzeiten ablesen. **3, 4** Rechnen mit Stunden. **5** Rechnen mit Minuten.

6 Es ist jetzt 10.15 Uhr. Überlege an der Uhr.
Wie spät ist es

a) in 1 Stunde? .... Uhr
in 2 Stunden? .... Uhr
in 5 Stunden? .... Uhr

b) in 15 Minuten? .... Uhr
in 30 Minuten? .... Uhr
in 45 Minuten? .... Uhr

7 Es ist jetzt 10.15 Uhr. Überlege an der Uhr.
Wie spät war es

a) vor 1 Stunde? .... Uhr
vor 2 Stunden? .... Uhr
vor 5 Stunden? .... Uhr

b) vor 15 Minuten? .... Uhr
vor 30 Minuten? .... Uhr
vor 45 Minuten? .... Uhr

8

Die Glocke schlägt jede Viertelstunde.

8.15 Uhr, 8.30 Uhr, ... Uhr, ... Uhr
9.15 Uhr, ... Uhr, ... Uhr, ... Uhr
.... Uhr, ... Uhr, ... Uhr, ... Uhr
.... Uhr, ... Uhr, ... Uhr, ... Uhr

9 Der Schulbus fährt mittags um 13.15 Uhr an der Schule ab und kommt um 13.37 an. ?

....
....
....

10 Die Urlaubsreise begann morgens um 7 Uhr und endete abends um 6 Uhr. ?

....
....
....

11

Bis wie viel Uhr darf Mutter parken?

....
....

→ Schülerbuch, Seite 124
6, 7 Rechnen mit ganzen, halben und Viertelstunden. **8 – 11** Sachaufgaben zur Zeit.

1 Wie viele?

a)  ....

b)  ....

c)  ....

d)  ....

2 Zahlen darstellen.

a) sechsundzwanzig

26

b) siebenunddreißig

....

c) zweiundsechzig

....

d) dreiundsiebzig

....

3 Zahlen ordnen.

a) 3, 11, 97, 19, 68, 27, 71, 13, 48, 33, 40

3

b) 14, 47, 81, 66, 18, 32, 95, 53, 79, 25, 30

14

4 Zahlen zerlegen.

a) 47 = 40 + 7
74 = 70 + 4

b) 91 = ... + ...
19 = ... + ...

c) 50 = ... + ...
5 = ... + ...

d) 63 = ... + ...
36 = ... + ...

5 In Einerschritten zählen.

Vorwärts: 28, 29, ..., ..., ..., ..., ..., ..., ..., ..., ..., ..., ..., ...
77, 78, ..., ..., ..., ..., ..., ..., ..., ..., ..., ..., ..., ...

Rückwärts: 91, 90, ..., ..., ..., ..., ..., ..., ..., ..., ..., ..., ..., ...
66, 65, ..., ..., ..., ..., ..., ..., ..., ..., ..., ..., ..., ...

6 In Zehnerschritten zählen.

Vorwärts: 7, 17, ..., ..., ..., ..., ..., ..., ..., ..., ..., ..., ..., ...
2, 12, ..., ..., ..., ..., ..., ..., ..., ..., ..., ..., ..., ...

Rückwärts: 100, 90, ..., ..., ..., ..., ..., ..., ..., ..., ...
94, 84, ..., ..., ..., ..., ..., ..., ..., ...

Grundwissen am Ende des 2. Schuljahres. Die Aufgaben sollten selbstständig gelöst werden (Lernstandskontrolle).

7 Nachbarzahlen

a) ……, 82, ……
……, 28, ……
……, 29, ……

b) ……, 49, ……
……, 67, ……
……, 76, ……

c) ……, 90, ……
……, 20, ……
……, 12, ……

d) ……, 99, ……
……, 9, ……
……, 1, ……

8 Ergänzen zum Zehner.

63 + …… = 70	14 + …… = 20	83 + …… = ……	93 + …… = ……
56 + …… = 60	41 + …… = ……	38 + …… = ……	98 + …… = ……
42 + …… = 50	65 + …… = ……	77 + …… = ……	68 + …… = ……
66 + …… = 70	38 + …… = ……	51 + …… = ……	99 + …… = ……

9 Vergleiche: < oder >?

a) 92 ◯ 29	b) 97 ◯ 100	c) 19 ◯ 21	d) 9 ◯ 90	e) 27 ◯ 73
18 ◯ 81	19 ◯ 18	91 ◯ 21	17 ◯ 61	42 ◯ 38
63 ◯ 36	18 ◯ 19	19 ◯ 12	16 ◯ 71	32 ◯ 48

10 100 teilen.

a) 100 = …… mal 50	b) 100 = …… mal 20	c) 100 = …… mal 10
100 = …… mal 25	100 = …… mal 5	100 = …… mal 2

11 Mit Zehnern rechnen wie mit Einern (Plus).

a) 5 + 5 = ……	b) 6 + 4 = ……	c) 7 + 3 = ……	d) 8 + 2 = ……
50 + 50 = ……	60 + 40 = ……	…… + …… = ……	…… + …… = ……
e) …… + …… = ……	f) 6 + 2 = ……	g) 7 + 2 = ……	h) …… + …… = ……
40 + 50 = ……	…… + …… = ……	…… + …… = ……	30 + 30 = ……
i) 2 + 5 = ……	j) 8 + 1 = ……	k) 3 + 4 = ……	l) …… + …… = ……
…… + …… = ……	…… + …… = ……	…… + …… = ……	20 + 50 = ……

12 Mit Zehnern rechnen wie mit Einern (Minus).

a) 9 − 5 = ……	b) 8 − 7 = ……	c) 7 − 5 = ……	d) …… − …… = ……
90 − 50 = ……	80 − 70 = ……	…… − …… = ……	100 − 50 = ……
e) …… − …… = ……	f) …… − …… = ……	g) 7 − 2 = ……	h) …… − …… = ……
30 − 30 = ……	80 − 50 = ……	…… − …… = ……	100 − 100 = ……
i) 10 − 3 = ……	j) 9 − 4 = ……	k) 7 − 3 = ……	l) …… − …… = ……
…… − …… = ……	…… − …… = ……	…… − …… = ……	100 − 30 = ……

Grundwissen am Ende des 2. Schuljahres. Die Aufgaben sollten selbstständig gelöst werden (Lernstandskontrolle).

Grundrechenarten im Hunderterraum

1 Plusaufgaben

a) 27 + 30 = ……
37 + 20 = ……
73 + 20 = ……

b) 61 + 30 = ……
31 + 60 = ……
13 + 60 = ……

c) 49 + 1 = ……
19 + 40 = ……
41 + 9 = ……

d) 25 + 7 = ……
27 + 5 = ……
72 + 5 = ……

e) 40 + 30 = ……
4 + 5 = ……
44 + 35 = ……

f) 20 + 30 = ……
6 + 6 = ……
26 + 36 = ……

g) 36 + 50 = ……
36 + 51 = ……
36 + 52 = ……

h) 36 + 7 = ……
36 + 17 = ……
36 + 27 = ……

i) 20 + 10 = ……
7 + 9 = ……
27 + 19 = ……

j) 30 + 40 = ……
7 + 7 = ……
37 + 47 = ……

k) 50 + 30 = ……
5 + 6 = ……
55 + 36 = ……

l) 40 + 40 = ……
7 + 4 = ……
47 + 44 = ……

2 Verdoppeln

a) 30 + 30 = 60
4 + 4 = 8
34 + 34 = 68

b) 40 + 40 = ……
7 + 7 = ……
47 + 47 = ……

c) 20 + 20 = ……
6 + 6 = ……
26 + 26 = ……

d) 10 + 10 = ……
5 + 5 = ……
15 + 15 = ……

e) 44 + 44 = ……
45 + 45 = ……
46 + 46 = ……

f) 37 + 37 = ……
27 + 27 = ……
17 + 17 = ……

g) 36 + 36 = ……
46 + 46 = ……
45 + 45 = ……

h) 25 + 25 = ……
24 + 24 = ……
14 + 14 = ……

3 Minusaufgaben

a) 56 – 30 = ……
65 – 30 = ……
67 – 20 = ……

b) 51 – 20 = ……
62 – 30 = ……
73 – 40 = ……

c) 51 – 22 = ……
88 – 59 = ……
97 – 38 = ……

d) 65 – 9 = ……
56 – 8 = ……
48 – 7 = ……

e) 70 – 30 = ……
5 – 4 = ……
75 – 34 = ……

f) 64 – 40 = ……
64 – 41 = ……
64 – 42 = ……

g) 86 – 7 = ……
86 – 17 = ……
86 – 27 = ……

h) 57 – 30 = ……
57 – 37 = ……
57 – 38 = ……

i) 66 – 30 = ……
66 – 8 = ……
66 – 28 = ……

j) 77 – 19 = ……
77 – 9 = ……
78 – 20 = ……

k) 46 – 16 = ……
46 – 18 = ……
46 – 8 = ……

l) 37 – 18 = ……
37 – 8 = ……
37 – 17 = ……

4 Halbieren

a) 80 = 40 + 40
6 = 3 + 3
86 = 43 + ……

b) 40 = …… + ……
8 = …… + ……
48 = …… + ……

c) 50 = …… + ……
6 = …… + ……
56 = …… + ……

d) 60 = …… + ……
4 = …… + ……
64 = …… + ……

e) 84 = …… + ……
82 = …… + ……
88 = …… + ……

f) 46 = …… + ……
44 = …… + ……
42 = …… + ……

g) 54 = …… + ……
52 = …… + ……
58 = …… + ……

h) 66 = …… + ……
68 = …… + ……
70 = …… + ……

Grundwissen am Ende des 2. Schuljahres. Die Aufgaben sollten selbstständig gelöst werden (Lernstandskontrolle).

5 Plus und Minus

a) 26 + 21 = 47 …… 47 − 21 = ……
b) 63 + 24 = …… …… − 24 = ……
c) 38 + 19 = …… …… − 19 = ……
d) 58 + 13 = …… …… − 13 = ……

e) 87 − 51 = 36 36 + 51 = ……
f) 55 − 36 = …… …… + 36 = ……
g) 74 − 21 = …… …… + 21 = ……
h) 72 − 49 = …… …… + 49 = ……

i) 69 + 13 = …… …… − 13 = ……
j) 63 − 24 = …… …… + 24 = ……
k) 36 + 55 = …… …… − 55 = ……
l) 92 − 67 = …… …… + 67 = ……

m) 78 + 23 = …… …… − 23 = ……
n) 17 + 45 = …… …… − …… = ……
o) 28 + 36 = …… …… − …… = ……
p) 14 + 67 = …… …… − …… = ……

6 Einmaleins

2 · 2 = …… 2 · 5 = …… 2 · 10 = …… 2 · 1 = …… 2 · 3 = ……
5 · 2 = …… 5 · 5 = …… 5 · 10 = …… 5 · 1 = …… 5 · 3 = ……
10 · 2 = …… 10 · 5 = …… 10 · 10 = …… 10 · 1 = …… 10 · 3 = ……

2 · 8 = …… 2 · 4 = …… 2 · 9 = …… 2 · 6 = …… 2 · 7 = ……
5 · 8 = …… 5 · 4 = …… 5 · 9 = …… 5 · 6 = …… 5 · 7 = ……
10 · 8 = …… 10 · 4 = …… 10 · 9 = …… 10 · 6 = …… 10 · 7 = ……

7 Einmaleins

3 · 3 = …… 6 · 6 = …… 9 · 9 = …… 10 · 3 = …… 5 · 4 = ……
4 · 4 = …… 7 · 7 = …… 10 · 9 = …… 9 · 3 = …… 6 · 4 = ……
5 · 5 = …… 8 · 8 = …… 1 · 1 = …… 8 · 3 = …… 7 · 4 = ……

2 · 6 = …… 5 · 7 = …… 4 · 9 = …… 4 · 8 = …… 10 · 8 = ……
4 · 6 = …… 4 · 7 = …… 5 · 9 = …… 5 · 8 = …… 9 · 8 = ……
8 · 6 = …… 3 · 7 = …… 6 · 9 = …… 7 · 8 = …… 8 · 8 = ……

8 Teilen

a)
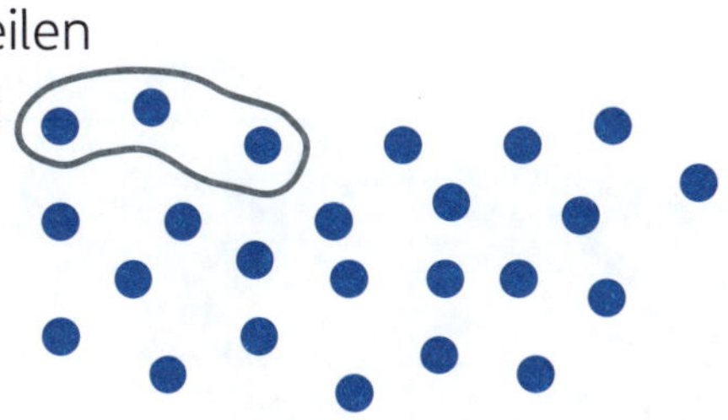
24 : 3 = ……

b)

24 : 4 = ……

9 Einfache Aufgaben zum Teilen.

90 : 9 = …… 80 : 8 = …… 70 : 7 = …… 60 : 6 = …… 40 : 4 = ……
45 : 9 = …… 40 : 8 = …… 35 : 7 = …… 30 : 6 = …… 20 : 4 = ……
18 : 9 = …… 16 : 8 = …… 14 : 7 = …… 12 : 6 = …… 8 : 4 = ……

Grundwissen am Ende des 2. Schuljahres. Die Aufgaben sollten selbstständig gelöst werden (Lernstandskontrolle).

1 Welche Münzen gibt es?

Cent: ◯ ◯ ◯ ◯ ◯ ◯ Euro: ◯ ◯

Welche Scheine gibt es?

Euro: [500] [200] [100] [ ] [ ] [ ] [ ]

2 1 Euro = ... Cent 1 € = ... ct

3 a) Wie viel Cent?

	ct
	ct
	ct

b) Wie viel Euro?

	€
	€
	€

4 a) Immer 60 Cent.

◯ ◯	2 Münzen
◯ ◯ ◯	3 Münzen
◯ ◯ ◯ ◯	4 Münzen
◯ ◯ ◯ ◯ ◯	5 Münzen
◯ ◯ ◯ ◯ ◯ ◯	6 Münzen
	.... Münzen

b) Immer 50 Euro.

▭ ▭ ▭	3 Scheine
▭ ▭ ▭ ▭	4 Scheine
▭ ▭ ▭ ▭ ▭	5 Scheine
▭ ▭ ▭ ▭ ▭ ▭	6 Scheine
▭ ▭ ▭ ▭ ▭ ▭ ▭ ▭ ▭ ▭	10 Scheine

5

Preis:	gegeben:	zurück:
		ct
		ct

Preis:	gegeben:	zurück:
		€
		€

Grundwissen am Ende des 2. Schuljahres. Die Aufgaben sollten selbstständig gelöst werden (Lernstandskontrolle).

6 1 Jahr = ... Monate 1 Tag = ... Stunden
1 Woche = ... Tage 1 Stunde = ... Minuten 1 h = ... min

7 Immer 1 Stunde.
a) 57 min + ... min b) 45 min + ... min c) 27 min + ... min
d) 30 min + ... min e) 15 min + ... min f) 19 min + ... min

8 Ordne nach Zeitdauer.

| 15 min | 10 h | 1 Jahr | 8 Tage | 3 Monate | 2 Wochen | 1 Sekunde |

1 Sekunde, ..., ..., ..., ..., ..., 1 Jahr

9 Wie spät ist es?

.... Uhr
.... Uhr

.... Uhr
.... Uhr

.... Uhr
.... Uhr

10 Es ist jetzt 11.15 Uhr.
a) Wie spät war es
1 h vorher? .... Uhr
30 min vorher? .... Uhr
b) Wie spät ist es
1 h später? .... Uhr
30 min später? .... Uhr

11 1 Meter = ... Zentimeter 1 m = ... cm

12 Immer 1 Meter.
a) 20 cm + ... cm b) 39 cm + ... cm c) 25 cm + ... cm
d) 60 cm + ... cm e) 75 cm + ... cm f) 97 cm + ... cm

13 Miss die Länge vom Kopf bis zum Schwanzende.

.... cm

14 Zeichne mit dem Lineal Strecken von
a) 4 cm. b) 6 cm.

Grundwissen am Ende des 2. Schuljahres. Die Aufgaben sollten selbstständig gelöst werden (Lernstandskontrolle).

Wie viele?/Welche Zahl?

(→ Schülerbuch, Seiten 19, 21)

a) Am Hunderterfeld wird mit dem Zahlenwinkel eine Zahl gelegt. Das Kind nennt die Zahl. Durch Verschieben des Winkels nach rechts bzw. links oder nach oben bzw. unten können Beziehungen aufgezeigt werden.

b) Es wird auf ein leeres Feld der Hundertertafel gezeigt. Das Kind nennt die zugehörige Zahl. Auch hier können Beziehungen verdeutlicht werden.

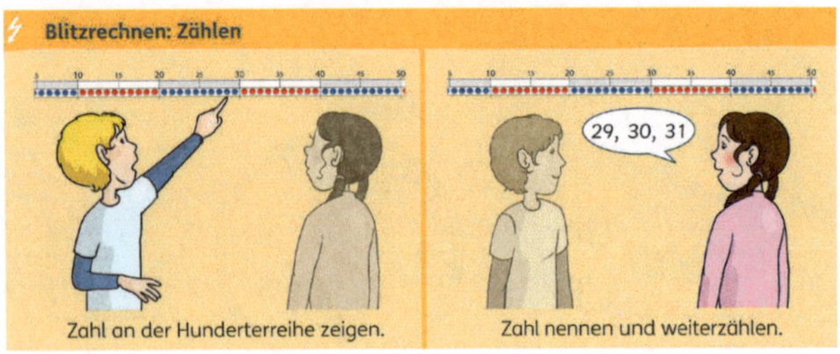

Zählen

(→ Schülerbuch, Seite 22)

Es wird auf eine Zahl an der Hunderterreihe gezeigt. Das Kind wird aufgefordert, vor- oder rückwärts zu zählen. Das Kind zählt, bis es gestoppt wird.

Ergänzen zum Zehner

(→ Schülerbuch, Seite 23)

An der Hunderterreihe wird auf ein Plättchen gezeigt, und die zugehörige Zahl genannt. Das Kind ergänzt die Zahl in Form einer Plusaufgabe zum nächsten Zehner.

Variante: Das Kind benennt auch die gezeigte Zahl.

Zählen in Schritten

(→ Schülerbuch, Seite 25)

Außer der Zahl wird noch die Schrittweise vorgegeben (2er-, 5er-, 10er-Schritte). Das Kind zählt nach Angabe vorwärts oder rückwärts, bis es gestoppt wird.

Ergänzen bis 100

(→ Schülerbuch, Seite 32)

Am Hunderterfeld wird eine Zahl gezeigt. Das Kind ergänzt sie bis 100.

Wieder können Beziehungen aufgezeigt werden.

Beispiel:

38 + 62, 48 + 52, 58 + 42, 57 + 43, ...

100 teilen

(→ Schülerbuch, Seite 33)

Es wird angegeben, in wie viele Teile (2, 4, 5 oder 10) 100 geteilt werden soll. Das Kind gibt die Antwort in Form einer Malaufgabe.

Es gibt nur 4 Aufgaben (es sei denn, man lässt auch 20, 25 und 50 Teile bilden).

Verdoppeln/Halbieren

(→ Schülerbuch, Seiten 38, 39)

a) Es wird eine Zahl bis 50 mit Einerstelle 0 oder 5 genannt. Das sind die Zahlen 0, 5, 10, 15, 20, ..., 50. Das Kind verdoppelt sie.

b) Es wird eine Zehnerzahl genannt (10, 20, ..., 100). Das Kind halbiert sie.

In beiden Fällen kann man Rechengeld oder das Hunderterfeld verwenden.

Einfache Plusaufgaben/Einfache Minusaufgaben

(→ Schülerbuch, Seiten 41, 51)

a) Es werden Plusaufgaben der Form 26 + 30, 45 + 7, 31 + 60, 72 + 9, ... genannt, das Kind bestimmt das Ergebnis. Dabei können die Zahlen zur Unterstützung bildlich dargestellt werden. Auch bei diesen Aufgabentypen kann man systematisch variieren. Beispiel: 26 + 30, 26 + 40, 27 + 40, ...

b) Analog werden Minusaufgaben genannt und gerechnet.

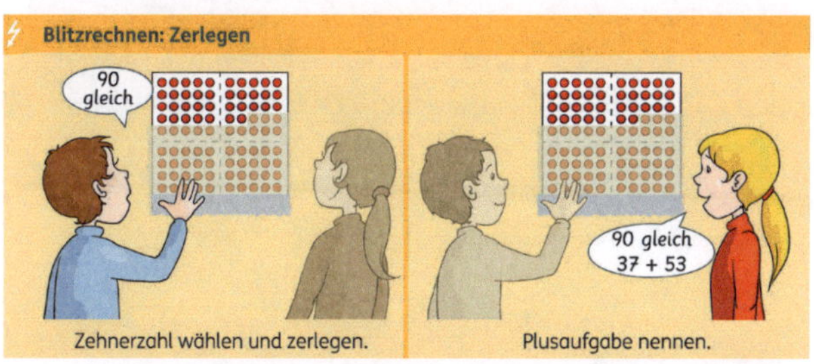

Zerlegen

(→ Schülerbuch, Seite 63)

Am Hunderterfeld wird eine Zehnerzahl (10, 20, 30, ...) aufgedeckt und mit einem (am besten transparenten) Zahlenwinkel in zwei Teile zerlegt. Das Kind nennt die zugehörige Plusaufgabe.

Einmaleins

(→ Schülerbuch, Seiten 71, 101)

a) Mit dem Malwinkel wird die Malaufgabe gelegt. Das Kind nennt die Aufgabe und berechnet das Ergebnis. Dabei kann die Unterteilung des Hunderterfeldes ausgenutzt werden. Besonders wichtig sind die Kernaufgaben, aus denen man die anderen Aufgaben ableiten kann.

b) An der Einmaleins-Tafel wird eine beliebige Aufgabe des Einmaleins gezeigt und genannt. Das Kind nennt das Ergebnis. Besonders geübt werden müssen die farbigen Kernaufgaben, aus denen man die anderen Aufgaben ableiten kann.

Zum Einsatz der Blitzrechenübungen

Im ZAHLENBUCH spielt der Blitzrechenkurs als rechnerisches Fitness- und Förderprogramm eine tragende Rolle. Die Grundlegung jeder Übung erfolgt im Schülerbuch bei der Behandlung des entsprechenden Themas und sticht dort durch ein besonderes Layout heraus.

Auf den Arbeitsheftseiten 70 – 71 sind die betreffenden Bilder für die Übungen im Zwanzigerraum zusammengestellt und mit etwas ausführlicheren Anleitungen versehen. Alle, die mit den Kindern zu Hause Blitzrechnen üben, können so schnell einen Überblick gewinnen.

Auf dem ausklappbaren Umschlag finden sich die Anschauungsmaterialien („Operationsfelder"), die man für die praktische Durchführung der Blitzrechenübungen benötigt. Diese Seiten sind identisch mit den Seiten 134 – 135 im Schülerbuch.

Zur Übung des Blitzrechnens gibt es zusätzlich die Rechenkartei „Blitzrechnen" und die CD-ROM „Blitzrechnen".
Durch diese verschiedenen Angebote wird sichergestellt, dass überall eine Grundlage für ein regelmäßiges Üben des Blitzrechnens gegeben ist.

Für jedes Kind sollte ein „Rechentrainer" gefunden werden, der mit dem Kind übt und sich für seine Fortschritte verantwortlich fühlt.
Rechentrainer können nicht nur Mitglieder der Familie, sondern z. B. auch Mitschüler, ältere Schüler oder Erwachsene in der Nachmittagsbetreuung sein. Mit der Rechenkartei oder der CD-ROM kann ein Kind auch allein üben.
Im Verlauf des Übens sollte eine allmähliche Lösung von der Anschauung hin zum Kopfrechnen erfolgen. Vor einer vorschnellen Automatisierung wird ausdrücklich gewarnt, weil dies nicht zu Verständnis führt.

Alle Beteiligten müssen wissen, dass ein grundlegendes Training im Rechnen genauso zwingend ist wie im Sport.